U0321415

辣(甜)椒高产优质

栽培技术问答

王同雨　孙培博　主编

中国农业出版社

图书在版编目（CIP）数据

辣（甜）椒高产优质栽培技术问答/王同雨，孙培博主编．—北京：中国农业出版社，2012.5
（种菜新亮点丛书）
ISBN 978‐7‐109‐16682‐0

Ⅰ.①辣…　Ⅱ.①王…②孙…　Ⅲ.①辣椒－蔬菜园艺－问题解答②甜辣椒－蔬菜园艺－问题解答　Ⅳ.
①S641.3‐44

中国版本图书馆 CIP 数据核字（2012）第 066785 号

中国农业出版社出版
（北京市朝阳区农展馆北路 2 号）
（邮政编码 100125）
策划编辑　舒　薇　贺志清
文字编辑　郭　科

北京中科印刷有限公司印刷　新华书店北京发行所发行
2013 年 7 月第 1 版　2013 年 7 月北京第 1 次印刷

开本：850mm×1168mm　1/32　印张：6.5
字数：158 千字　　印数：1～8 000 册
定价：25.00 元
（凡本版图书出现印刷、装订错误，请向出版社发行部调换）

主　　编　王同雨　孙培博

副 主 编　孙　生　苗吉信

编写人员　（以姓名笔画为序）

　　　　　王同雨　孙　生　孙培博

　　　　　杨秀华　陈炳强　苗吉信

　　　　　梁凤美　董汉国

前言

　　辣（甜）椒原产中南美洲热带地区，为多年生草本植物。辣椒于明末传入我国，目前全国各地均有栽培。近几年辣椒温室拱棚栽培面积逐年增多，其经济效益一直是保护地蔬菜栽培的佼佼者。

　　辣（甜）椒喜温、怕寒，其露地栽培，北方地区只能在进入温暖季节时进行，一般在大寒后利用温室等保温设施育苗，4月后定植于大田，结果盛期进入多雨的夏季，病害重，难管理，产量低而不稳。

　　20世纪70年代后，塑料大棚和日光温室的相继出现，使辣（甜）椒生产得以快速发展，栽培面积、供应时期和产量都有较大拓宽。80年代末期，节能日光温室的发明，提高了设施保温性能，使北方严寒地区辣（甜）椒的越冬栽培不需加温得以进行，辣（甜）椒栽培面积、产量、供应期得到更大提升，在我国北方地区实现了商品辣（甜）椒的全年供应。但是由于设施建造投入大，栽培技术要求高，农民掌握有一定难度，限制了辣（甜）椒设施栽培的进一步发展，辣（甜）椒的供应量远远满足不了市场的需求。

编者长期从事设施蔬菜栽培研究，经过不断的探索，设计组配了高保温、低碳、节水节肥日光温室，改革了传统栽培技术，研究、改革组配了以白天高温，早晨、傍晚和夜间通风排湿，大温差调控室内温度，科学施用生物菌有机肥，及时修剪疏枝、调控营养生长与生殖生长的关系，适时喷洒天达 2116 植物细胞膜稳态剂，提高辣（甜）椒植株自身的抗逆性能等系统工程，指导菜农实现了温室栽培辣（甜）椒生育期长达 300～500 天，实现设施栽培辣（甜）椒年亩①产 15 000 千克左右。部分操作好的菜农亩产商品椒 17 000 千克以上，而且在比过去少喷药的情况下，实现了全生育期内不发生或基本不发生病害，产品质量达绿色标准，亩收入达 5 万～8 万余元。今将其以问答的方式总结、编写成书，奉献给广大菜农朋友和业界同仁们，以求在更大范围内得以推广应用，为民创收，为国增富。

由于编者水平所限，书中难免有错误和不当之处，敬请各位专家同仁批评指正，以求精益求精，使全套技术更为完善。

孙培博

2011 年 10 月 31 日

---

① 亩为非法定计量单位，1 亩≈667 米²。——编者注

目 录

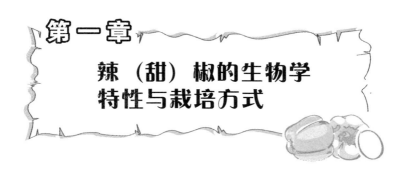

第一章 辣（甜）椒的生物学特性与栽培方式

1. 辣（甜）椒具有什么样的生物学特性？

辣椒原产中南美洲热带，甜椒是由辣椒演变而来的。随着辣（甜）椒的商品化及人们生活水平的提高、消费习惯的变化，辣（甜）椒的食用量越来越大，辣（甜）椒的栽培日益重要。

（1）根 辣（甜）椒属于浅根系，入土浅，根量少，主要由主根、侧根和根毛等部分组成。主根不发达，上粗下细，在疏松的土壤中，根系一般分布在 30～50 厘米的土层中，移过苗的辣（甜）椒根系大多集中在 25～30 厘米的耕层内。主根木质化程度非常高，侧根只是从主根两侧整齐排列生出，菜农称两撇胡，主要分布在土层的 10～15 厘米深处，侧根一般长 20～30 厘米。根系与其他茄果类如番茄、茄子比较相对较弱，再生能力差，根量少，茎基部不易发生不定根。根端 1～2 厘米处是根毛区，密生根毛。

根系生长发育能力及在土壤中分布情况，受土壤条件栽培技术水平的影响较大。在土壤疏松、肥水和光照适宜的环境条件下，为了获得高产，在栽培方法上必须采取保护根系的措施，如用塑料营养钵或穴盘育苗。采用营养土坨育苗的应在定植前囤苗，目的是促进白色新根的发生。主根粗壮、侧根数量繁多、根毛发达，根系良好，无任何病原菌侵染，是辣（甜）椒丰收的最基本的前提条件。根系深入土层较深，在土壤中均匀分布，才能够吸收足够的养分，供应地上部分生长，保证枝繁叶茂、多结果。

（2）茎 辣（甜）椒茎直立，黄绿色，有深绿色至紫色纵纹。基部木质化。茎高 30～150 厘米，开张度 35～55 厘米。分枝为双杈或三杈状分枝，在夜温低，幼苗营养状况良好时多分化为三杈，反之多为双杈。在相同地理环境条件下，小果型品种植株高大，分枝多，开张度大，大果型品种植株矮小，分枝少，开张度小。

按照辣（甜）椒分枝习性和分枝结果习性不同，可将其分为无限分枝及有限分枝两种类型。

一是无限分枝型，植株较高大，多数品种一般在着花部位生出两条分枝，并且在分枝的第一节着花，从这里再发生两条分枝，以后如此反复进行下去。一般其中一条分枝相对较强，另一条相对较弱，特别是植株的中上部这一现象尤为明显。有的品种也有出现三叉甚至四杈分枝，原因是品种自身的特性，不同的品种分枝特性也各不相同；另一个原因是环境温差较大、肥力充足、植株生长健壮引发分枝。

二是有限分枝类型，株型矮小，紧凑，主茎生长一定叶数后，生长点成花封顶，顶部形成很多果实，植株下部的腋芽抽生分枝，分枝的腋芽还可能抽生副侧枝，在侧枝和副侧枝的顶部都形成花芽封顶，但是基本不结果，以后植株不再抽生分枝。各种簇生椒、朝天椒属于此类型。

辣（甜）椒基部主茎各节叶腋均可抽生侧枝，但是开花较迟，生产上要及早摘除，以减少养分消耗，有利于通风透光。

（3）叶 辣（甜）椒的叶分为子叶和真叶。种子播种出苗后，最早出现的两片扁长形的叶子称为子叶，以后生长的叶子称为真叶。子叶展开初期呈浅黄色，以后逐渐转为绿色。在真叶出现前，子叶是辣（甜）椒的唯一同化器官。所以，子叶生长的好坏直接影响幼苗的生长，同时也可以从子叶的生长状况来判断幼苗生长是否正常。如当土壤水分不足时，子叶不舒展；水分过多或光照不足时子叶发黄；当水分供应不均、温度变化不大时子叶易脱落。

辣（甜）椒的真叶为单叶、互生，卵圆形，叶面光滑，无缺刻，尖端渐尖，叶片绿色。但是不同的品种叶色的深浅不同，不同的品种叶形也稍有不同，有的叶片较大，偏圆形，有的叶片偏长，呈椭圆形。

叶片是制造糖类的"工厂"，它的主要功能是进行光合作用，生产有机营养。辣（甜）椒要高产，必须有生长正常的适量叶片，可以说叶片是辣（甜）椒丰产的"供给部队"，同时叶片的生长状况也能反映植株的健壮程度。当氮素充足时，叶较长；钾素充足时叶幅较宽；氮肥过多或夜温过高时，叶柄较长，先端的嫩叶凹凸不平；夜温低时，叶柄较短；土壤干燥时，叶柄稍微弯曲，叶身下垂；土壤温度过高时，整个叶身下垂。根据叶片的长势和色泽，再结合不同品种自身的特性，可以采取相应的栽培管理措施，保证植株和叶片正常生长发育，为辣（甜）椒的高产作好"后勤工作"。

（4）花　辣（甜）椒幼苗长到 3 片真叶左右时，顶芽开始分化花芽，后在花芽处发生分枝，分枝顶端再次分化花芽，如此反复进行，故花数一般成几何级数增加。从花芽开始分化到萼片、花瓣发生需要 7～8 天，到雄蕊、雌蕊发生需要 7～8 天，到花粉、胚珠形成约需要 10 天，到开花需 5 天左右。

辣（甜）椒的花为白色，两性花，属于常异交授粉植物，约有 10% 的自然杂交率。花是由花萼、花冠、雄蕊、雌蕊等部分组成。雄蕊由 5～7 个花药组成，花药蓝紫色，围生于雌蕊外面。雌蕊又称柱头，根据花药与柱头的相对位置可将辣（甜）椒的花分为短柱花、中柱花和长柱花。雄蕊的花药与柱头平齐的称为中柱花；柱头略低于花药的称为短柱花；柱头略高出花药的称为长柱花。中柱花和长柱花授粉受精正常，可正常结果，而短柱花由于雌蕊的子房发育不完全，坐不住果，即使人工授粉也难以结果。

辣（甜）椒所开的花大部分是自花授粉结果实，但是如果果结实过多，开花数就减少，落果数增加，出现一段没有收获的时期。随后由于收获而果数减少，又迎来开花结实的盛期。所以生产中要减少短柱花的出现，特别是在育种和杂交种的生产过程中也不能选短柱花去雄授粉。当植株生长正常，环境和营养生长条件适宜时，有利于形成长柱花，在不良的营养和环境条件下，会形成短柱花，不利于提高坐果率。生长旺盛的侧枝营养条件好，利于形成正常花；而生长较弱的侧枝营养条件差，易形成短柱花。在生产栽培过程中，如果浇水过多，幼苗生长过旺，花的质量较差，易落花；当浇水过少，土壤过干时，植株生长势弱，也影响花的质量。

(5) 果实　果实为浆果，由子房发育而成，果形有圆形、灯笼形、方形、牛角形、羊角形、线形和樱桃形等多种形状，品种类型不同，果实大小不一，重量不等，小的只有几克，大的可达 400～500 克或者更重。

辣（甜）椒果实从开花授粉至商品成熟需要 25～30 天，呈绿色或黄色。生物学成熟为 50～65 天，呈红色或黄色或其他色彩。果实有 2～4 个心室，果皮发达，其肉质占果实重量的 80% 以上。

辣（甜）椒的辣味可分为 3 种类型，不辣、微辣和辛辣，取决于辣椒素的含量高低，不同类型品种及栽培环境条件之间辣椒素的含量差异很大。

(6) 种子　种子肾形，扁平微皱，有光泽，新鲜种子浅黄色或黄褐色，种皮有网纹，较厚，发芽势不如茄子、番茄快。种子千粒重 6～7.5 克，其寿命 3～7 年，发芽能力平均 4 年，使用年限 2～3 年。

2. 辣（甜）椒生长发育要求什么样的温度条件？

辣（甜）椒属喜温性作物，能耐较低和较高的温度，不耐严寒霜冻。其生长适宜温度，因为生长发育阶段的不同而异。

露地栽培条件下，辣（甜）椒种子发芽的适宜温度为 25～30℃。温度超过 35℃ 或低于 10℃ 都不能正常发芽。25℃ 时发芽需 4～5 天，15℃ 时需 10～15 天，12℃ 时需 20 天以上，10℃ 以下则难于发芽。

幼苗期生长适宜温度为 20～30℃，夜间 20～25℃，土壤温度 17～22℃，此时地温、气温较低，生长缓慢，要采取人工增温办法防寒防冻；种子出芽后，随秧苗的长大，耐低温的能力随之增强，具有 3 片以上真叶时能在 5℃ 以上不受冷害。种子出芽后在 25℃ 时，生长迅速，但极瘦弱，必须降低温度至 20℃ 左右，保持幼苗缓慢健壮生长，使子叶肥大，对初生真叶和花芽分化有利。

辣（甜）椒生长发育的始花期适宜温度为 20～30℃，夜间适温 16～20℃，低于 15℃ 生长发育完全停止，持续低于 5℃ 则植株可能受害，0℃ 时植株冻死。辣（甜）椒在生长发育时期适宜的昼夜温差为 6～10℃，以白天 26～27℃、夜间 16～20℃ 比较适合，这样的温度可以使辣（甜）椒白天能有较强的光合作用，夜间能较快而且充分地把养分运转到根系、茎尖、花芽、果实等生长中心部位，并且减少呼吸作用对营养物质的消耗。

植株开花授粉期要求夜间温度在 20～27℃，低于 15℃ 时，植株生长缓慢，授粉不良，易引起落花，低于 10℃，不开花，花粉死亡，落花落果，坐得住的幼果较小，极易变形。辣（甜）椒又怕炎热，白天温度升到 35℃ 以上时，花器发育不良或柱头干枯不能受精而落花，即使受精，果实也不发育而干萎。

辣（甜）椒结果期的适宜温度为 25～28℃，35℃ 以上高温不利于结果，适当降低夜温，有利于结果。昼夜温差达到 10℃，也能够比较好的生长发育。土温过高，对根系发育不利，易引发病害，严重影响辣（甜）椒生长及结果。

果实发育和转色期要求温度在 25℃ 以上。植株生长适宜的温度因生长发育的过程而不同，从子叶展开到 5～8 片真叶期，对温度要求严格，如果温度过高或过低，将影响花芽的形成，最后影响产量。品种不同对温度的要求也有很大差异。大果型品种比小果型品种不耐高温。

3. 辣（甜）椒生长发育要求什么样的水分条件？

辣（甜）椒与其他蔬菜相比，既不耐旱，也不耐涝。但与其他茄果类蔬菜相比是较耐旱的作物，就单株来讲需水量不大，可是它的根系不发达，吸收能力弱，不经常供水难以获得高产。辣（甜）椒怕涝，秧苗水泡 4 小时根系就会因缺氧而死。蒸发所耗的水分比其他植物少得多，因为它的叶片比同科其他作物的叶片较小。一般小果类型辣（甜）椒品种特别是干椒比大果类型甜椒品种耐旱，在生长发育过程中所需水分相对较少。

辣（甜）椒在各生育期的需水量不同，种子只有吸收充足的水分才能发芽，但由于种皮较厚，吸水速度较慢，所以催芽前先要浸泡种子 8～10 小时，使其充分吸水。浸泡时间过短，会因种子吸水不充足、不均匀，发芽慢或难以发芽；浸泡时间过长，会造成营养外流，氧气不足而影响种子的生活力。

幼苗期植株需水较少，此时期多为低温弱光季节，土壤水分过多，通气性差，缺少氧气，根系发育不良，植株生长纤弱，抗逆性差利于病菌侵入，造成大量死苗，故在这期间苗床不要灌水，以提高温度、降低湿度为主，在晴天的中午要揭开覆盖物加强通风，利于幼苗生长。

移栽后，植株生长量加大，需水量随之增加，此期内要适当浇水，满足植株生长发育的需要，保持土壤见干见湿。

初花期和果实膨大期，需要充足的水分。在多雨季节，要搞好排水沟，做到田间不积水。干旱季节，要注意降温，加强灌溉，增加水分的供应量，这是获得优质高产的关键措施。

4. 辣（甜）椒生长发育要求什么样的光照条件？

辣（甜）椒属中光性植物，除了发芽阶段不需要光照外，其他生育阶段都要求有充足的光照。辣（甜）椒喜欢散射光，怕直射强光，对光要求不严，只要温度适宜，营养良好，长短日照条件下，都能进行花芽分化和开花。

幼苗生长发育阶段需要良好的光照条件，如果光照足，幼苗的节间就短，茎粗壮，叶片厚，颜色深，根系发达，抗逆性强，不易感病，苗齐苗壮，从而为高产打下良好的基础；光照不足，幼苗节间伸长，含水量增加，叶片较薄，颜色浅，根系不发达，幼苗瘦弱，抗逆性差，易感染病害，对以后的产量有很大的影响。

生长发育阶段光照充足，是促进辣（甜）椒枝叶茂盛，叶片厚，开花、结果多，果实发育良好，产量高的重要条件。在安排辣（甜）椒生产时，要注意选地远离树、房屋，辣（甜）椒田周围不要有高秆作物，防止人为地造成遮光使辣（甜）椒减产。另外要讲究栽培密度，防止过密造成植株枝叶拥挤，互相遮光，还要及时中耕除草，防止杂草遮阳并防止与辣（甜）椒植株争夺空间。

5. 辣（甜）椒生长发育要求什么样的土壤？

辣（甜）椒对土壤类型的要求不太严格，沙壤土、黏土、黑钙土、冲积土和壤土等各类土壤都适宜种植，但要获得高产优质，对土壤的选择还是有讲究的。一般来说，土质黏重、肥水条件较差的地块，只宜栽植耐旱、耐瘠的线椒品种或可以避旱保收的早熟辣（甜）椒，大果型肉质较厚的品种需栽培在土层深厚肥沃、土质疏松、肥水条件较好的地块上才能获得高产。辣（甜）椒对土壤酸碱度的适应性较广，实践证明 pH 在 6.2～8.5 时均可栽培，采取相应的耕种方法都能收到很好的效果。

6. 辣（甜）椒栽培都有哪些方式？

辣（甜）椒栽培分露地栽培和保护地栽培。露地栽培又分春辣（甜）椒、越夏辣（甜）椒、秋辣（甜）椒栽培，东北露地就一茬称露地辣（甜）椒栽培。保护地栽培又分小拱棚、大拱棚、温室、连栋温室等保护设施栽培。大拱棚栽培又分早春辣（甜）椒栽培、秋延迟辣（甜）椒栽培；温室栽培又分秋延迟辣（甜）椒、越冬辣（甜）椒、早春辣（甜）椒、越夏辣（甜）椒栽培。

保护地栽培分为一年一茬式栽培、秋延迟茬栽培、早春茬栽培和越夏栽培。

一年一茬式栽培：一般于7月中旬至8月上旬育苗，8月中下旬至10月初定植，翌年麦收后至8月拉秧。

秋延迟茬栽培，于7月育苗，8月定植，在大拱棚内栽培，11月上中旬拉秧；温室内栽培，翌年1～2月拉秧，后定植瓜类或豆类。

早春茬栽培，12月至翌年1月育苗，温室栽培1～2月定植，6～8月拉秧；大拱棚栽培，2月底3月初定植，6～8月拉秧，后栽培瓜类、豆类或叶菜类。

越夏栽培，在内陆高温地区，需在温室或大拱棚农膜上面加盖遮阳网遮阳降温，4～5月育苗，5～6月定植，9～11月拉秧。高原冷凉地区可直接实行露地越夏栽培。

露地栽培分为春茬、夏茬和秋茬。春茬辣（甜）椒栽培，2～4月育苗，3～5月定植，5～9月收获；夏茬辣（甜）椒栽培，4～5月育苗，5～6月定植，6～11月收获；秋茬辣（甜）椒栽培，7～8月育苗，9月定植，9～11月收获。

以上是南方和华北地区的栽培时间，东北等冷凉、寒冷地区，无论是温室还是大棚栽培，都是一年一茬，一直到深秋或初冬。其育苗时间：大拱棚栽培，1～2月育苗，3～4月定植；温室栽培，12月至翌年1月育苗，2月定植；露地栽培3～4月保温育苗，5月定植。

第二章
无公害生产技术
有关知识

1. 什么是无公害辣（甜）椒?

无公害辣（甜）椒，就是按照无公害的标准生产的辣（甜）椒。技术环节要求：产前基地选择要达到环境质量标准；产中生产要按照操作规程进行；产后商品要达到产品质量标准，然后经有关部门认证并允许使用无公害产品标志的未经加工或初加工的辣（甜）椒。这是一个相对概念，不包括标准更高、要求更严的绿色食品（分为 A 级和 AA 两级）和与国际接轨的有机食品。

2. 无公害辣（甜）椒生产的重要意义是什么?

辣（甜）椒是人们生活中不可缺少的副食品，它的质量直接关系到人们的生活水平和身体健康，也关系着生产者的产品价位和效益的高低。如今环境保护的意义已为人们所共识。回归自然，享受自然食品和绿色食品已成为社会发展的一种标志，无公害产品已经成为国际农副产品贸易的最基本要求。随着我国加入世界贸易组织多年，农副产品无公害生产势在必行。具体表现在：

第一，随着改革开放和人民生活水平的不断提高，我国许多地区人们的消费方式已由温饱型逐渐转向保健型，无公害食品、绿色食品和有机食品受到了社会的普遍重视，一些地方政府（如上海、郑州、重庆市等）已明令上市辣（甜）椒等食品必须达到无公害标准，国家也专门成立了绿色食品管理机构进行管理。

第二，无公害辣（甜）椒有利于出口创汇，提高农民种植辣（甜）椒的经济效益，促进农村经济的可持续发展。

第三，发展无公害辣（甜）椒有利于扩大国内外市场，促进形成新的市场格局。

第四，发展无公害辣（甜）椒有利于提高生产者栽培技术和职业道德素养。在辣（甜）椒生产过程中出现的滥用农药，超标使用化肥、激素，造成辣（甜）椒品质下降，不仅使辣（甜）椒有残毒，还污染周围的水域、土壤和大气，进而影响到后季辣（甜）椒的质量；或因辣（甜）椒生产基地的选址不当，所处环境中土壤、水体、大气污染严重，所生产的辣（甜）椒品质难以保证。这些劣质、带残毒的辣（甜）椒，不仅严重影响了人民群众的身体健康，而且在市场上难有竞争力，价位不高，生产者也难以获得好的效益。因此，随着社会经济的发展和人民生活水平的提高，人们对辣（甜）椒的质量要求越来越高，无公害辣（甜）椒的生产势在必行。

3. 进行无公害辣（甜）椒生产可带来哪些效益？

（1）生态效益　从总体上看，辣（甜）椒是一类弱势的植物群体，在长期的进化与人工选择过程中，品质逐渐提高，而抗逆性却大大减弱。长期以来，辣（甜）椒都是在人工培育的良好环境下栽培。随着现代科学的进步，辣（甜）椒栽培的产量有着明显的提高，与此同时，对化肥、农药以及其他化工产品的依赖性越来越大，特别在"石油农业"条件下，这种依赖性更为突出。生产进步了，环境也破坏了；过量施用化肥，特别是氮素肥料，破坏了长期以来农民培育的良好菜田的土壤结构，使得土壤板结、地力下降，为维持菜田的眼前生产力，愈发依赖于化肥，如此反复的恶性循环，导致菜田土壤生产环境的恶化。与此同时，过量施用的氮素化肥，不仅资源浪费，且污染水体，造成水中硝酸盐含量过高；化学农药的施用对防治病虫害，保产增产起到不小的作用，但与此同时，也杀死了天敌，破坏了自然界动物区系及昆虫、微生物与植物之间的生态平衡关系，为害辣（甜）椒的有害昆虫及微生物的抗药性逐渐增高，最终会导致病虫灾害发生，甚至达到难以控制的严重后果。更有甚者，这些化学物质通过食品链进入生态系统的循环之中，污染了人的生态环境，也包括人体本身。

无公害辣（甜）椒的生产并不一概排斥农药、化肥及其他工业化学产品的应用，由于在使用品种、剂量、时期、方法等各方面加以规范与控制，把对生态环境的破坏降低到最低程度，既保护了良好的生态环境，也为持续稳定地发展辣（甜）椒生产创造了有利条件，同时也保护了人类的身体健康，其生态效益显著。

（2）社会效益 开发无公害辣（甜）椒的显著社会效益在于保证了消费者的身体健康。人类的发展本来就是和大自然结合在一起的，随着社会的前进、人口的增加、工业的发展，环境被污染了，水资源、土壤以至植物、动物都受到污染，导致食品中有害物质含量超过了人体可以接受的限度，成了"有害食品"。随着社会的不断进步，在社会经济发展到一定阶段，为了人类自身的安全及子孙后代健康繁衍，我们要把它重新恢复过来，使我们每天吃的食品（包括每天不可缺少的蔬菜）不含有害化学物质，基本达到无公害的质量标准。所以发展无公害辣（甜）椒，提高人民的生活质量，是一种"拨乱反正"，是第二步的战略目标。

怎样才能使人的生活质量，特别是人的膳食水平与现代科学、现代社会同步发展，即饮食如何现代化的问题。这里不排斥档次的提高，但是设想，吃的档次都是"高"的，但却污染严重，危害人类健康，这能称得上饮食现代化吗？无公害辣（甜）椒的开发，就是提高人们每天都离不开的主要副食品的档次，逐步向饮食现代化方向发展，这是提高人民生活质量的重要途径，其所生产的巨大的社会效益怎样估计都不过分。

（3）经济效益 市场经济是讲究经济效益的，否则，这项事业再有前途也不会有人去干。目前无公害生产要求已经成为各级政府和广大人民的共识，只要加强宣传，导向市场，讲究信誉，无公害辣（甜）椒会被市场经济接受，而且会越来越受到消费者的欢迎。对生产者来说，无公害辣（甜）椒所产生的经济效益并不是通过提高物价、欺骗消费者所取得，主要是通过产品质量的改进、净菜上市的附加值以及出口创汇的增加值来实现。如果无公害辣（甜）椒走上正轨，在国内市场上，消费者几乎不需增加太多的消费即可买到安全、优质、营养的辣（甜）椒，而生产者可通过占领与扩大市场获得可观的经济效益。在辣（甜）椒市场竞争日益激烈的条件下，提高质量是开拓市场的主要条件，开发无公害辣（甜）椒是一个很好的途径。

4. 无公害辣（甜）椒中的"公害"有哪几种?

无公害辣（甜）椒中的"公害"主要包括以下3种：

一是蔬菜生产环境的公害，主要包括大气、水体和土壤公害。大气公害来自蔬菜生长的地上部分周围空间，主要包括工业废气的排放、交通运输废气的排放、能源燃烧以及农药化肥污染大气造成的公害。水体公害主要来自工业和城市的"三废"和土壤中残留农药、肥料中有害物质从地表通过径流污染地下水造成的公害。水体公害物质种类很多，包括重金属、有毒有机质、农药以及有毒的其他元素、有毒合成物质和病原菌等。土壤是辣（甜）椒赖以生存的基础也是供应其生长发育所需水分、养分的来源，土壤受到污染直接影响辣（甜）椒的正常生长和品质。人畜食用后影响畜禽生长发育和人类的健康，土壤的公害有农药、有机废物、放射性有害物、重金属、有毒物质、寄生虫、病原虫以及病毒、矿渣、煤渣、粉尘等，特别是郊区菜地土壤中富含的有毒物质、重金属元素（包括铬、铅、镍、汞等）和农药相对更多。在这类土壤上种植辣（甜）椒必然受到污染，造成公害。

二是栽培过程的公害，辣（甜）椒栽培过程中由于使用生产资料（农药、肥料等）操作执行过程中的失误而导致的公害。

农药的公害：我们使用的农药主要是有机磷农药、含氮农药、农用抗生素、除草剂和激素等，对土壤环境影响特别大，每年出现的食用蔬菜中毒现象，主要是由农药的残留毒性所致。我们知道农药都具有毒性，大量使用后有 $10\%\sim20\%$ 的部分黏附在辣（甜）椒表面，起到防治病虫草害的作用；但是绝大部分又回到土壤中，一部分溶于水后被辣（甜）椒的根吸收，一部分通过一系列的外部环境条件和微生物的作用，使其转化，分解乃至消失，但是仍有一部分渗入地下或者残留在土壤中，对下茬蔬菜生长发育形成危害。

肥料的公害：化肥主要以磷肥、钾肥、硼肥等以矿物为原料，其中含有一些有害元素，会在土壤中积累超标，导致人畜致病。现在农民种地大量施用氮肥，造成氮元素严重超标，同时在土壤中形成硝酸盐大量积累，作物被动吸收增加了产品硝酸盐、亚硝酸盐的含量，科学研究表明亚硝酸盐是致癌物质，含量超标对人的身体健康有极强的危害，中毒严重者可使人猝死。

三是辣（甜）椒产品的采收、运输、贮藏保鲜及加工过程的公害，辣（甜）椒产品采收后在运输与贮藏过程中腐烂、病变和人为造成有毒成分的积累，或者在加工过程中的食品添加剂、保鲜防腐剂等使用不当，以及加工环境不卫生都能造成辣（甜）椒产品的公害。

5. 无公害辣（甜）椒对产地环境有哪些要求？

所谓产地环境是指影响辣（甜）椒生长发育的各种天然的和经过人工改造的自然因素的总体，包括农业用地、用水、大气以及相关地的气温、光照、湿度、降雨、土壤肥力等各种指标，只有满足无公害辣（甜）椒生产的条件，获得的产品才是无公害辣（甜）椒。

（1）**产地选择要求**　无公害辣（甜）椒产地应选择不受污染源影响或污染物含量限制在允许范围之内，生态环境良好的农业生产区域。土壤重金属背景值高的地区，与土壤、水源环境有关的地方病高发区不能作为无公害蔬菜产地。

（2）**灌溉水质量标准**　应符合表 2-1 要求。

表 2-1　灌溉水质量指标

项　　目		指　　标
氯化物（毫克/升）	≤	250
氰化物（毫克/升）	≤	0.5
氟化物（毫克/升）	≤	3.0
总汞（毫克/升）	≤	0.001
砷（毫克/升）	≤	0.05
铅（毫克/升）	≤	0.1
镉（毫克/升）	≤	0.005
铬（六价）（毫克/升）	≤	0.1
石油类（毫克/升）	≤	1.0
pH		5.5～8.5

（3）**环境空气质量指标**　应符合表 2-2 要求。

表 2-2　环境空气质量指标

项　　目		指　　标	
		日平均	1 小时平均
总悬浮颗粒物（标准状态，毫克/米^3）	≤	0.30	
二氧化硫（标准状态，毫克/米^3）	≤	0.15	0.50
氮氧化物（标准状态，毫克/米^3）	≤	0.10	0.15
氟化物［微克/（分米^2×天）］	≤	5.0	
铅（标准状态，微克/米^3）	≤	1.5	

（4）**土壤环境质量指标**　应符合表 2-3 要求。

表 2 - 3 土壤环境质量指标

项　　目		指　　标		
		pH<6.5	pH6.5~7.5	pH>7.5
总汞（毫克/千克）	≤	0.3	0.5	1.0
总砷（毫克/千克）	≤	40	30	25
铅（毫克/千克）	≤	100	150	150
镉（毫克/千克）	≤	0.3	0.3	0.6
铬（六价）（毫克/千克）	≤	150	200	250
六六六（毫克/千克）	≤	0.5	0.5	0.5
滴滴涕（毫克/千克）	≤	0.5	0.5	0.5

6. 无公害辣（甜）椒操作规程的主要内容是什么？

无公害辣（甜）椒生产操作规程主要包括栽培方法、施肥技术、病虫害防治技术等方面，具体内容如下：

（1）无公害辣（甜）椒栽培技术

①品种选择：选用抗逆性强、耐病虫害、高产优质的品种是抵御不良环境、防治病虫害的最佳有效的措施，也是生产无公害辣（甜）椒高产优质的保证。例如线椒系列的品种、厚皮磨盘大果型杂交品种以及小果型的朝天椒，都抗病高产。

②培育壮苗：首先对辣（甜）椒种子进行处理，在播种前2~3天要晒种，并在采用温汤浸种的同时进行药剂处理，减少苗期病害发生。播种后加大力度提高地温，促进种子发芽；出苗后适当降温，减少给水量，在分苗炼苗过程中合理通风是提高秧苗抗逆性的关键。成苗的标准是苗龄65~75天、苗高20~25厘米、具有9片真叶以上、茎粗0.4厘米、无黄叶、无病斑、初现蕾。

③定植与管理：定植方法以大垄单行为好，密度5.5万~6.0万株/公顷，采取除草剂封垄，地膜覆盖技术，最好栽植时

秧苗带药下地，减少病虫害发生，密度原则上肥沃土壤稀一点，瘠薄土壤密一点。浇水是本着"三看"（看天、看地、看苗）的原则，小水勤浇，切不可大水漫灌，千万不能造成田间积水，雨季还要及时排水防涝。病虫害防治应坚持"预防为主，综合防治"的方针，注意雨前用药保护和用药与采摘之间的间隔，减少污染。

（2）无公害辣（甜）椒施肥技术 无公害辣（甜）椒施肥技术原则：以测土配方为依据，以改良土壤、增加保水保肥能力为主攻方向，坚持应用充分腐熟的有机肥为主，适当配合无机肥料，以生物有机无机复混肥配合适宜单质肥料，减少速效氮素肥料的施用量，适当增加磷、钾、镁、钙和微肥。叶面追肥必须施用环保品种，注意与采收期的间隔时间为 20 天以上方为安全。

（3）无公害辣（甜）椒病虫害防治技术 病害防治以预防为主，选抗病优良品种为前提，按照科学栽培技术减少病害的发生，同时在防治病虫害时要保护好天敌。严格控制国家禁用的高毒、高残留农药，推广使用安全可靠的生物农药和低毒、低残留农药，注意安全间隔期。

辣（甜）椒的生产操作过程必须符合国家有关规定。辣（甜）椒生产者和经营者必须从播种、栽植到管理，从收获到初加工全程严格按照有关标准进行，科学合理使用肥料、农药、灌溉用水等农业投入品。禁止使用剧毒、高毒、高残留和致癌、致畸、致突变的"三致"农药及其复配制剂，控制使用高效低毒、低残留农药及其他化学品（包括肥料和激素等），而且要控制好使用量、使用时期及使用方法，并要认真做好生产档案记录。

7. 怎样控制农药残留不超标？

农药喷洒到辣（甜）椒或土壤中，经过一段时间，由于光照、自然降解、雨淋、高温挥发、微生物分解和植物代谢等作用，绝大部分已经消失，但还会有微量的农药残留。残留农药一般对病虫和杂草无效，但对人畜和有益生物却会造成危害。在农药使用范围和使用量不断扩大的情况下，控制农药残留，保证人畜安全、健康，已成为必须要尽快解决的问题。那么，如何最大限度地控制农药残留呢？

第一，合理使用农药。应根据农药的性质，病虫草害的发生、发展规律，科学、辩证地施用农药，力争以最少的用量获得最大的防治效果。合理用药一般应注意：

①对症用药，掌握用药的关键期与最有效的施药方法；

②注意用药的浓度与用量，掌握正确的施药量；

③改进农药性能，如加入表面活性剂有机硅等，以改善药液的展着性和渗透性能；

④推广应用生物制剂和高效、低毒、低残留农药，并要合理混用农药。

第二，安全使用农药。应严格遵守《农药安全使用规定》、《农药安全使用标准》等法规，实行"预防为主，综合防治"的植保方针。积极发展高效、低毒、低残留的农药品种，严禁使用禁用、限用的高毒、高残留和"三致"农药。严禁高毒、高残留和"三致"农药用于果树、蔬菜、粮食、中药材、烟草等；禁止用农药毒杀鱼、虾、青蛙和有益的鸟兽等；施用农药一定要在安全间隔期内进行。

第三，采取避毒措施。在遭受农药污染较严重的地区，一定时期内不栽种易吸收农药的辣（甜）椒等，可栽培抗病、抗虫蔬菜或其他新品种，减少农药的施用。

第四，实行"预防为主，综合防治"的植保方针。认真实行辣（甜）椒与其他农作物的合理轮作、倒茬，选用抗病品种，增施生物菌有机肥料，减少速效氮素化肥施用量，推广温室、大拱棚等设施栽培，并在设施栽培中推行防虫网等农业防治措施；积极开展性诱激素、以虫治虫、以菌治虫、防病等生物防治措施；大力推广黑光灯、诱虫板等物理防治措施；在设施栽培中实行白天高温调控、夜间通风降湿、防虫网封闭通风口的生态防治措施；科学进行化学农药防治病虫害。

第五，掌握好收获期。不允许在安全间隔期内收获采摘辣（甜）椒。各种药剂因其分解、衰变的速度不同，辣（甜）椒的生长趋势和季节也不同，因而具有不同的安全间隔期，收获时辣（甜）椒离最后喷药的时间间隔越远越好。

第六，进行去污处理。对残留在辣（甜）椒、果蔬表面的农药可作去污处理。如通过暴晒干椒、清洗鲜椒等，减少或去除农药残留污染。

第七，大力推广使用天达 2116 降解农药残留。据试验，喷洒天达 2116 能有效降解辣（甜）椒的农药残留，喷洒 3 天后其农药残留可比对照减少 50％左右，喷洒 15 天后可减少 90％以上。

8. 哪些农药在辣（甜）椒上禁用、限用？

全面禁止使用的农药（33 种）：甲胺磷、甲基对硫磷、对硫磷、久效磷、磷胺、六六六、滴滴涕、毒杀芬、二溴氯丙烷、杀虫脒（克死螨）、二溴乙烷、除草醚、艾氏剂、狄氏剂、汞制剂、砷、铅类无机制剂、敌枯双、氟乙酰胺、甘氟、毒鼠强、氟乙酸钠、毒鼠硅、苯线磷、地虫硫磷、甲基硫环磷、磷化钙、磷化镁、磷化锌、硫线磷、蝇毒磷、治螟磷、特丁硫磷等。

限制使用的农药（17 种）：甲拌磷、甲基异柳磷、内吸磷、克百威（呋喃丹）、涕灭威、灭线磷、硫环磷、氯唑磷、水胺硫磷、灭多威、硫丹、溴甲烷、氧乐果、三氯杀螨醇、氰戊菊酯、丁酰肼（比久）、氟虫腈等。

9. 亚硝酸盐对人体有哪些危害？

急性中毒：亚硝酸盐为强氧化剂，进入人体后，可使血液中低铁血红蛋白氧化成高铁血红蛋白，使血红蛋白失去携氧能力，致使人体组织缺氧，并对周围血管有扩张作用。急性亚硝酸盐中毒多见于当做食盐误服。中毒的主要特点是由于组织缺氧引起的紫绀现象，如口唇、舌尖、指尖青紫；重者眼结膜、面部及全身皮肤青紫，头晕头疼、乏力、心跳加速、嗜睡或烦躁、呼吸困难、恶心呕吐、腹痛腹泻；严重者昏迷、惊厥、大小便失禁，可因呼吸衰竭而死亡。一般人体摄入 0.3～0.5 克的亚硝酸盐可引起中毒，超过 3 克则可致死。

亚硝酸盐的致癌性及致畸性：亚硝酸盐的危害还不只是使人中毒，它还有致癌作用。亚硝酸盐可以与食物或胃中的仲胺类物质作用转化为亚硝胺。

亚硝胺具有强烈的致癌作用，可引发食管癌、胃癌、肝癌和大肠癌等。因此，我们应多吃一些蒜、绿茶以及富含维生素 C 的食物，这些食物都可以防止胃中亚硝胺的形成或抑制亚硝胺的致癌突变作用。

另外，亚硝酸盐能够透过胎盘进入胎儿体内，6 个月以内的婴儿对亚硝酸盐特别敏感。研究表明，5 岁以下儿童发生脑癌的相对危险度增高与母体经食物摄入亚硝酸盐量有关。此外，亚硝酸盐还可通过乳汁进入婴儿体内，造成婴儿机体组织缺氧，皮肤、黏膜出现青紫斑。

10. 辣（甜）椒亚硝酸盐含量超标主要由哪些因素引起?

人类摄入硝酸盐的主要来源，81.2%来自蔬菜。根据目前多次检测结果发现，蔬菜中硝酸盐、亚硝酸盐含量超标时有发生，究其原因是在辣（甜）椒生产中过量施用氮肥，特别是过量施用速效无机态氮肥，从而造成氮、磷、钾养分比例失调，不但不能满足蔬菜生产的养分需要，影响到蔬菜产量，而且会造成蔬菜产品硝酸盐、亚硝酸盐超标，严重影响蔬菜品质。一些农户为了提高产量，盲目增施氮肥，形成了恶性循环，不但产量上不去，质量也急剧下降。在施用有机肥时，也产生一种偏差，认为有机肥施用得越多越好。诚然有机肥可改良土壤结构，增加土壤中有机质的含量，有利于辣（甜）椒的生产，但不合理过多施用有机肥，特别是大量施用鸡粪，同样也会造成辣（甜）椒中硝酸盐含量的积累，导致硝酸盐和亚硝酸盐含量超标。

辣（甜）椒中硝酸盐和亚硝酸盐的含量不仅与辣（甜）椒种类、品种、器官、生育期有关，还受土壤肥料、温度、光照、湿度等外界环境条件的影响。如何控制辣（甜）椒硝酸盐、亚硝酸盐含量应引起大家的足够重视。

11. 怎样控制辣（甜）椒亚硝酸盐含量超标？

研究结果表明，偏施和滥施氮肥是造成辣（甜）椒中硝酸盐和亚硝酸盐含量增加的主要原因，同时，土壤中的磷、钾素缺乏，会影响植物蛋白质合成及光合磷酸化等许多生理生化过程，从而也直接或间接地影响硝酸盐积累。

增施生物菌有机肥料是一项降低辣（甜）椒中硝酸盐、亚硝酸盐积累，提高产品品质的有效农业措施。一方面由于生物菌有机肥中的大量有益生物菌能把土壤中的无机态氮转化成有机态氮，有机肥料利于养分缓慢释放，可更好地适应辣（甜）椒对养分吸收的要求；另一方面有机质促进了土壤反硝化作用，降低了土壤硝态氮的浓度。有机肥料与化学肥料配合施用，既能改良土壤，又可有效控制和降低辣（甜）椒中硝酸盐、亚硝酸盐的含量，提高辣（甜）椒产量与品质。

使用方法应以适量的铵态氮与硝态氮掺混入有机肥料中通过生物菌发酵后施用，这样不会造成土壤无机氮素的快速升高，可有效地降低辣（甜）椒中硝酸盐和亚硝酸盐含量。

叶面喷施 0.02%～0.05% 钼酸铵、0.05%～0.1% 硫酸锰，可使植株体内硝酸盐含量降低。因为钼是硝酸还原酶的组成部分，锰是多种代谢酶的活化剂。喷洒草酸、甘氨酸等，亦可明显降低辣（甜）椒中的硝酸盐含量。

此外，光照、温度和水分也是影响辣（甜）椒硝酸盐和亚硝酸盐含量的显著因素。

光照度：在施等量氮肥条件下，降低光照度，可使辣（甜）椒体内硝酸盐积累增加，这是由于在低光照度下，辣（甜）椒体内的硝酸还原酶活性降低。所以在辣（甜）椒生产中，要想方设法增加光照度。

其一是合理稀植、降低架面高度和间作套种。这样可避免辣（甜）椒相互遮阳。适当稀植并不是简单地降低单位面积上的株数，而是合理密植，一是密度要适宜，二是株行距配置要合理，应实行宽窄行栽培。

其二是在大棚等设施辣（甜）椒栽培中，要采取诸如更新棚膜、及时清除棚膜上的尘土等杂物、后部张挂反光幕、增设辅助光源等措施来增加光照度。

温度调控：在一定的温度范围内，温度越高，辣（甜）椒体内硝酸盐含量越高。这是因为随着温度升高，辣（甜）椒对硝酸盐的同化量和吸收量都有所增加，而升高温度对硝酸盐吸收的作用远远大于对硝酸盐同化的促进作用；同时，由于在高温条件下，土壤的硝化作用及根的生长和组织的渗透性加速，从而辣（甜）椒从土壤中吸收的硝态氮增加，导致辣（甜）椒体内硝酸盐、亚硝酸盐含量增加。所以在辣（甜）椒生长的适宜温度范围内，应适当采取较低温度。

水分管理：在干旱情况下，辣（甜）椒的硝酸还原酶合成受阻，分解加快，从而使辣（甜）椒体内硝酸还原酶的含量下降，活性降低，硝酸盐的积累显著增加。所以在辣（甜）椒栽培中应注意及时灌水、勤灌水，使硝酸盐含量降低。

12. 无公害辣（甜）椒生产技术要点是什么？

要生产无公害辣（甜）椒，必须以环境良好的生产基地为基础，以农业部制定的无公害辣（甜）椒生产技术操作规程为指导，以控制有害物质的残留和污染为核心，抓好农产品的安全生产，特别是农药和肥料的合理使用。

在施肥上不论基肥还是追肥都应尽量减少或停止速效无机氮肥的施用量，大力推广生物菌有机肥、腐熟动物粪肥、饼肥、绿肥和秸秆还田，施用速效无机氮肥时应将其掺混入动物粪肥中通过生物菌发酵腐熟，转化成有机态氮肥后施用。

预防病虫草害喷洒农药时必须严格遵循国家有关条例，禁止使用剧毒、高毒、高残留和致癌、致畸、致突变的农药；喷洒农药时要配合使用天达 2116，提高防治效果，降解农药残留，实现产品无公害、绿色化，力争达到有机产品标准。

13. 应该怎样建立无公害辣（甜）椒生产基地？

建立稳定的高标准、无公害基地是生产无公害辣（甜）椒的前提条件。基地必须选择在生态环境良好的农业生产区域内，注意远离城市、工矿企业、发电厂、医院、公路、飞机场、车站、码头及城市垃圾场等污染源头。基地内不得堆放垃圾、工矿废渣，不得用工业废水灌溉农田，不受污染源的影响。基地的环境须经农业环保部门检验，符合国家规定的《农产品安全质量　无公害蔬菜产地环境要求》（GB/T 18407.1—2001），并定期对基地的环境和辣（甜）椒产品进行检测，特别是对大气、土壤、灌溉水和辣（甜）椒果中的硝酸盐、亚硝酸盐、农药及重金属等有害物质的含量进行综合评价。同时采取先进的科学管理手段和技术措施，使基地环境不受污染，形成一套良性循环的生态系统。

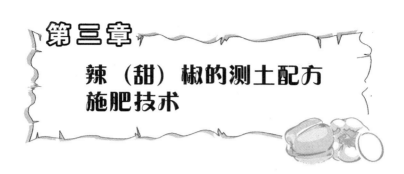

第三章

辣（甜）椒的测土配方施肥技术

1. 辣（甜）椒所必需的营养元素有哪些？

辣（甜）椒必需的营养元素是指辣（甜）椒正常生长不可缺少的元素，缺少时会呈现专一的缺素症，当补充它后才能预防发生或恢复。一般鲜嫩辣（甜）椒由水分和干物质组成，其中大部分是水分。干物质中，组成植物有机体的碳、氢、氧、氮 4 种主要元素占 95％以上；剩余的为钙、钾、磷、硫、镁、氯、硅、铝、钠、铁、锰、锌、硼、铜、钼等十几种灰分元素，只占 1％～5％。辣（甜）椒生长所必需的营养元素称为必需元素，包括碳、氢、氧、氮、磷、钾、钙、镁、硫、铁、锰、锌、硼、钼等。它们在辣（甜）椒体内都具有各自的生理功能，缺少就会出现缺素症，导致辣（甜）椒生长发育不正常。必需元素除碳、氢、氧是植物通过光合作用从自然界中吸取外，其余均来源于土壤，称为矿质元素，其中氮、磷、钾因辣（甜）椒需求量大，被称为大量元素；钙、镁、硫需量较多，称为中量元素；铁、锰、锌、硼、钼等需求量很少，称为微量元素。

2. 栽培无公害辣（甜）椒时应该选择什么样的土壤？

栽培无公害辣（甜）椒首先应注意选择远离城市居民居住集中区、工矿企业、医院、交通干线等容易发生污染的地方，并且没有空气、水源和土壤污染，富含有机质，透气性良好，既保肥保水，又排水良好的腐殖质含量高的壤土地最为适宜；若在黏质土壤中栽培辣（甜）椒，则生育迟缓，幼苗生长缓慢，但经济寿命长，产量较高；若选用沙质土栽培，则辣（甜）椒发棵快，结果早，但相对于黏质土壤易老化早衰。

3. 辣（甜）椒的需肥特点有哪些？

辣（甜）椒的生长期相对较短，生长量大，结果时间长，生物学产量高，在需肥上有以下特点：

（1）需肥量大 辣（甜）椒是营养生长与生殖生长并进的蔬菜，其产量高、结果周期长、需肥量大，其茎、叶片和果实中氮、磷、钾等营养元素含量均比粮食作物高，试验得知每生产1 000千克辣（甜）椒，需氮5.19千克、磷1.07千克、钾6.46千克。一般生产条件下，每亩可产辣（甜）椒5 000千克以上，故需肥量大。

（2）辣（甜）椒的生育前期需肥量较少 在开花结果之前其吸肥量仅占全生育期吸肥量的10%左右，其各元素吸收量的85%以上是在结果以后吸收的，其中50%～60%是在收获盛期吸收的，因此坐果后应注意及时适量追肥，以后结合浇水不断追肥，结果盛期应加大追肥量。

（3）辣（甜）椒根系不发达 其根系主要分布在表土下30厘米深土层内，15厘米左右处为最密集区。根的吸肥能力弱，喜肥而不耐肥，因此底肥用量不宜过多，一般每亩基肥用量不应超过5 000千克，以免土壤溶液浓度过高，诱发秧苗生长发育不整齐，推迟结果。辣（甜）椒追肥应少量多次，并要注意经常锄地，疏松土壤，促进根系发育。

（4）辣（甜）椒相对需要吸收钙的数量较多 仅次于对氮、钾的吸收量，是吸收磷量的2～3倍，对钙敏感。钙在辣（甜）椒体内以果胶酸钙的形态存在，钙能消耗辣（甜）椒代谢过程中所形成的有机酸，是细胞壁中胶层的组成部分。土壤中钙量不足，其生长发育受阻，生长点易坏死，且容易发生畸形果、脐腐病，因此应注意及时补钙。

（5）辣（甜）椒全生育期中对氮肥要求迫切，应分期追施，结果后应逐渐增大氮肥追施量　苗期对磷肥的需求特别敏感，此期缺磷，对辣（甜）椒的生长发育危害严重，且在后期无法补救，因此苗床土壤应适当施用磷酸二铵。结果期对钾的需求量大，随结果量的增长，应逐渐加大钾肥的追施量。

4. 什么是测土配方施肥？其主要作用有哪些？

配方施肥是综合运用现代农业科技成果，根据作物需肥规律、土壤养分状况和供肥性能与肥料效应，在施用有机肥为基础的条件下，产前提出氮、磷、钾和中微量元素的适宜用量和比例，以及相应的施用技术，这种施肥方法称为配方施肥。

目前，辣（甜）椒栽培多施用化学肥料，特别是施用速效氮素化肥量多，虽然一定程度上提高了辣（甜）椒产量，但同时也降低了辣（甜）椒品质，给土壤带来了负面影响，造成土壤肥力衰退和环境污染等。不合理的施肥也导致"果没味了，田难种了"的现象越来越严重。测土配方施肥是一项先进成熟的科学技术，可广泛应用于农业生产，实现节本增产增效的目的，其主要作用：

（1）调肥增产增效　在不增加化肥投入的前提下，通过调整肥料氮、磷、钾的施用比例，起到增产增收的作用。

（2）减肥增产增效　在高产地区，习惯性施肥措施往往以高投入而获取高产出，造成肥料施用量居高不下，通过测土施肥技术的应用，适量减少某一种或几种肥料的用量，特别是氮肥的用量，以取得增产或平产的效果，实现增效的目的。

（3）补素增产增效　对于偏施、重施单一品种肥料的地区，通过合理配方施用肥料，达到缺素补素的目的，可使辣（甜）椒大幅度增产、增效。

5. 无公害辣（甜）椒的施肥原则是什么？应该怎样科学施肥？

无公害辣（甜）椒生产的施肥原则：以保持或增加土壤肥力及生物活性为目的，确保施入土壤中的各种肥料不得含有有害生物、重金属、农药等对产品造成污染的有害物质，所有肥料，尤其是富含氮的肥料，应不对环境和辣（甜）椒的品质产生不良的后果，符合国家制定的《绿色食品肥料使用准则》（NY/T 394—2000），并最大限度地提高肥料的利用率。

辣（甜）椒是比较喜肥但不耐肥的作物，施肥时：

一要以有机肥为主，辅以其他化学肥料；施用化肥应以多元复合肥为主，单元素肥料为辅。施用速效化肥时应事先掺混入动物粪便中发酵，把无机态速效肥料元素转化成有机态缓释肥后施用。基肥施用量不要过多，一般每亩4 000千克左右为宜；追肥要少量多次进行，要冲施腐熟有机粪肥和生物菌肥，尽量限制化肥特别是速效氮肥的施用，如确实需要，要严格限制其用量，并应注意掌握以下原则：

①严格控制施用硝态化学氮肥，产品收获前30天禁止施用硝态氮肥。

②严格控制施用量，每亩每次追施量不得超过25千克。

③追施速效氮素化肥必须掺加有机肥发酵，将其转化成有机态氮后施用。

④少用、尽量不用叶面喷施纯氮肥。

⑤最后一次追施化肥应在收获前30天以前进行。

二要增施生物菌有机肥，生物菌有机肥一能增加土壤团粒结构，提高土壤的有机质含量和保水保肥能力，增强土壤微生物活力，且供肥全面，对于辣（甜）椒的产量和品质都有明显的增效作用；二能减轻辣（甜）椒特别是保护地栽培因连作诱发加重的土传病害。生物菌有机肥应以厩肥、禽肥、秸秆堆肥、牛羊肥、饼肥、人粪尿等为主，在这些肥料中掺加生物菌充分发酵腐熟，杀死有害病原菌及寄生虫卵等。方法是：在施用前将肥料均匀掺加生物菌后堆积起来用塑料薄膜覆盖，薄膜四周用土压实、封严，进行发酵。施用前 6～8 天将薄膜揭去，把肥料充分翻动，使发酵时产生的有害废气散发掉，以免对辣（甜）椒产生危害。施用基肥时将发酵腐熟的有机肥均匀撒向地面，随即耕地翻入地下。追肥自辣（甜）椒门椒坐稳后开始，结合灌溉每亩每次冲施腐熟生物菌有机肥 200～400 千克，每 10 天左右一次，直至拔秧前 30 天结束。

三要测土配方施肥，测土配方施肥是根据土壤养分状况和供肥能力、肥料种类及辣（甜）椒需肥规律，提出的科学施肥方法。在施用生物菌有机肥的基础上，依据辣（甜）椒目标产量，提出氮、磷、钾、钙、硫、镁和微肥的适当用量和比例，以及相应的施肥技术。养分平衡是生产优质高产无公害辣（甜）椒的基础，任何一种营养元素缺乏或过量，都会造成辣（甜）椒产量降低、品质下降。尤其是过量施用氮肥，能使土壤中硝酸盐含量增加，从而导致辣（甜）椒体内硝酸盐、亚硝酸盐含量提高，品质变劣；而且氮肥施用量过多还会拮抗对钾、钙、镁、铁、锌等肥料元素的吸收，造成生理性失调，诱发营养生长过旺，推迟结果。辣（甜）椒田要依据土壤养分测定值，按照产量指标，进行科学配方施肥，这不仅能改善辣（甜）椒品质，降低产品体内硝酸盐、亚硝酸盐含量，而且还能提高辣（甜）椒的抗病性能。为防止商品辣（甜）椒硝酸盐、亚硝酸盐含量超标，在辣（甜）椒的整个生育期中不应施用硝态氮肥。

6. 辣（甜）椒缺氮的特征有哪些？如何诊断？

辣（甜）椒早期缺氮一般表现为植株生长发育不良，生长缓慢，叶片小而薄，叶色淡而发黄，茎部细长，生长缓慢。缺氮症状首先从基部叶片开始失绿，渐渐发黄，并逐步向上发展，直至整株叶片失绿而变为黄绿色。中后期缺氮往往花芽颜色变黄，易脱落，果小，木质素含量高。缺氮时蛋白质合成受阻，导致细胞小而壁厚，植株矮小瘦弱，花蕾容易脱落，果实小而少，产量低，品质差。

7. 辣（甜）椒施用氮肥过剩有什么表现？

氮肥是辣（甜）椒生产中的主要肥料，合理施用氮肥可以提高辣（甜）椒的产量，但是氮肥在辣（甜）椒上的施用量是有极限的，当超过一定的量时，氮素营养供应过多，整个植株会出现不健壮的"徒长"，会发生坐果障碍，造成大量落花化果，且幼果发育迟缓。另一方面植株的徒长使群体过大，互相遮蔽，光照条件恶化，光合作用降低，产量下降，并会导致病害频繁发生。辣（甜）椒氮素营养供应过多不但会造成辣（甜）椒产量和品质下降，而且还会产生有害物质，主要表现在随着氮肥施用量的增加，辣（甜）椒中的维生素 C、可溶性总糖的含量会显著下降，品质恶化，不耐贮运。同时，施用氮肥过多，还会对钾、钙、镁等元素发生拮抗作用，抑制吸收，使其果实中的钙、镁等营养元素显著减少，同时可显著增加辣（甜）椒中的硝酸盐含量，人食用后，硝酸盐会还原成亚硝酸根离子，亚硝酸根离子是一种强致癌物质，对人体有害，长期食用会诱发癌症。

8. 辣（甜）椒缺磷有什么特征？如何诊断？

辣（甜）椒缺磷一般表现为生长迟缓，植株矮小，瘦弱，直立，分枝少，果实小，延迟成熟。缺磷植株的叶片小，易脱落，多呈暗绿色，且无光泽，有时因叶片中有花青素积累而呈现暗紫红色。缺磷严重时，叶片枯死、脱落。缺磷症状多从基部老叶开始，逐渐向上部发展。缺磷影响花芽分化，辣（甜）椒雌花数量减少，花芽分化延迟，结果晚，有时果实呈畸形。

9. 辣（甜）椒施用磷肥过剩的表现是什么？

磷素过多，植株叶片肥厚而密集，叶色浓绿，分叉多，植株易早衰。磷素过多，根系发达，根数量多，但短粗。磷素过多会固定钙、镁、铁、锌等金属离子，从而引起缺钙、缺锌、缺镁、缺铁等生理性失绿病症。

10. 怎样识别与防治辣（甜）椒缺钾症？

辣（甜）椒需钾量为各元素之首，每生产 1 000 千克辣（甜）椒需吸收氧化钾 6.46 千克，比氮、磷的吸收量都多，缺钾时其症状多在生长发育的中后期才能看出来，表现为植株生长缓慢、植株矮化，节间短，叶片小，中下部叶片叶尖、叶缘渐变黄绿色，主脉下陷，后期失绿，叶片枯死。辣（甜）椒缺钾症的症状是从基部向顶部发展，老叶受害重，先是植株中下部老叶尖端沿叶缘逐渐变黄，并出现褐色斑点或斑块状死亡组织，但叶脉两侧和中部仍保持原有色泽，有时叶卷曲褶皱。辣（甜）椒缺钾易感染霜霉病，多畸形果，果实体内硝酸盐含量增加，蛋白质含量下降，根系生长明显停滞，细根和根毛生长差，高温、干旱时，植株易失水萎蔫。

防治措施：

第一，注意增施生物菌有机肥料和钾肥，控制氮肥施用量，加强锄地，提高土壤温度和土壤透气性，增强根系活力。

第二，注意喷洒 600 倍天达 2116，促进根系发达，通过增强根系活力，提高植株的抗逆性能。

第三，结合浇水冲施硫酸钾或磷酸二氢钾，每亩 5～10 千克，每 5～10 天 1 次，连续冲施 3～4 次。

第四，叶面喷洒 0.4％硫酸钾，或 0.5％硝酸钾，每 5～7 天一次，连续喷洒 3～4 次。

11. 怎样识别与防治辣（甜）椒缺钙症？

辣（甜）椒为喜钙蔬菜，需钙量较多，极易发生缺钙性生理病害。辣（甜）椒缺钙的症状为植株矮化，生长点叶片明显缩小、黄化，幼叶叶脉间出现半透明的白色斑点，叶脉黄化，稍凹陷，变黄绿色，叶片向叶背卷曲成降落伞形，有时上部叶片边缘出现金边，俗称"镶金边"，果实易得脐腐病（椒果脐部变黑腐烂），近生长点叶片叶缘易枯死。

防治措施：

第一，要注意增施生物菌有机肥料和过磷酸钙等钙肥，控制氮肥施用量，及时灌溉，防止土壤忽干忽湿，加强锄地，提高土壤温度和土壤透气性，增强根系活力。

第二，注意喷洒 600 倍天达 2116，促进根系发达，通过提高根系活性，增强植株对钙的吸收和提高抗逆性能。

第三，结合浇水冲施硫酸钙或氯化钙，每亩 3～5 千克。

第四，叶面喷洒 0.4％硝酸钙（或 0.4％氯化钙或 1％过磷酸钙浸出液）＋3 000 倍有机硅混合液，每 5～7 天 1 次，连续喷洒 3～5 次。

12. 怎样识别与防治辣（甜）椒缺镁症？

镁是生成叶绿素的主要成分、中心元素，也是许多种酶的活化剂，影响光合性能、磷的吸收和呼吸，能促进核酸、糖、脂肪和蛋白质的合成与转化，有利于营养物质从老叶向新叶及幼嫩器官转移。还能促进维生素 A 和维生素 C 的形成，提高辣（甜）椒的品质。

镁与磷、钾、铵等离子存在着拮抗作用，露地栽培在多雨季节和酸性土壤的条件下，保护地栽培在低温时，或钾肥施用过量时，会影响辣（甜）椒对镁的吸收；超量施用氮肥也会抑制辣（甜）椒对镁的吸收。所以辣（甜）椒栽培过程中由于肥料使用方法不对，不注意施用镁肥，极易出现缺镁性生理病害。近几年来缺镁症发生遍及全国，且越来越严重。

辣（甜）椒缺镁时植株生长发育不良，镁在植株体内易移动，当土壤镁供应缺乏时，果实附近叶片中的镁会先调运给果实，供果实发育之需。因此，缺镁时先是中下部叶片叶脉间黄化，向两侧发展，失绿部分逐渐发黄，由黄变白，呈剥落状，叶脉和叶缘有残留绿色，并在叶片边缘部位形成断断续续的绿环，严重时叶片自下而上逐渐枯死。

防治措施：

第一，注意增施生物菌有机肥料，提高土壤温度和土壤透气性，增强根系活力。每亩增施硫酸镁10～15千克，补充土壤镁元素。

第二，注意喷洒600倍天达2116，促进根系发达，通过提高根系活力，增强植株对镁元素的吸收，提高抗逆性能。

第三，结合浇水冲施硫酸镁，每次每亩3～5千克。

第四，叶面喷洒0.4％硫酸镁（或0.4％硝酸镁）＋3 000倍有机硅液，每7天左右1次，连续喷洒3～5次。

13. 怎样识别与防治辣（甜）椒缺硫症？

硫是作物中的蛋氨酸、胱氨酸、半胱氨酸及多种酶的组成成分，缺硫时蛋白质的合成受阻；硫参与作物体内的氧化还原反应，是多种酶、辅酶及多种生理活性物质的重要成分，影响呼吸作用、脂肪代谢、氮代谢、光合作用以及淀粉的合成。硫虽然不是叶绿素的组成成分，但其是参与叶绿素形成的不可缺少的重要元素。辣（甜）椒缺硫，一般先在幼叶（芽）上开始黄化，叶脉先缺绿，遍及全叶，叶片细小上卷，严重时老叶变黄，甚至变白。缺硫时茎细弱，根系细长不分枝，开花结实推迟，结果少。供氮充足时缺硫症状主要发生在植株的新叶上，供氮不足时，缺硫症状多发生在老叶上。

防治措施：

第一，注意增施生物菌有机肥料，提高土壤温度和土壤透气性，增强根系活力。氮肥应改用硫酸铵，钾肥改用硫酸钾，磷肥改用过磷酸钙。

第二，注意喷洒600倍天达2116，促进根系发达，通过提高根系活力，增强植株对硫的吸收，提高抗逆性能。

第三，结合浇水冲施硫酸镁、硫酸钙、过磷酸钙等含硫肥料，每亩5～10千克。

第四，叶面喷洒0.4%硫酸镁，或0.4%硫酸铵，或0.4%硫酸钾，每5～7天1次，连续喷洒3～5次。

14. 怎样识别与防治辣（甜）椒缺铁症？

铁是形成叶绿素必需的营养元素之一，辣（甜）椒植株缺铁便产生失绿症，铁在植物体内移动性极差，缺铁时先从植株生长点表现出病症，顶芽和新叶变黄、白化，最初在叶脉间部分失绿，叶脉残留网状的绿色，严重缺铁时上部叶片可全部变黄白色。并出现褐色坏死斑点。

防治措施：

第一，注意增施生物菌有机肥料，提高土壤温度和土壤透气性，增强根系活力。每亩增施硫酸亚铁10千克，补充土壤铁元素。

第二，注意喷洒600倍天达2116，促进根系发达，通过提高根系活力，增强植株对铁的吸收，提高抗逆性能。

第三，结合浇水冲施硫酸亚铁，每亩5～10千克。

第四，叶面喷洒0.3%硫酸亚铁＋3 000倍有机硅液，每5～7天1次，连续喷洒3～5次。

15. 怎样识别与防治辣（甜）椒缺硼症？

硼促进植物细胞分裂作用和正常生长，提高花粉发芽率，促进花粉管伸长，促进授粉受精，提高坐果率，是维持细胞壁构造及机能所不可缺少的元素。辣（甜）椒缺硼与缺钙有相似的表现，生长点受抑制，节间变短，叶脉萎缩，叶片变小、坏死、变褐色，芽尖卷曲、枯黄、萎缩，植株矮化，严重者生长点停滞、枯萎，甚至死亡，形成枯顶现象。中部叶片横径大于纵径，叶面有皱褶，叶脉扭曲，两侧叶面凸凹不平，叶缘向叶背反卷，多为缺硼引起。

辣（甜）椒缺硼时花少而小，花粉粒少而畸形，生活力弱，不易完成正常的受精过程，结实率低。幼果严重化果，多细腰果，果面上有褐色斑，果皮纵向开裂。辣（甜）椒缺硼时根系发育不良，主根短，次生根和侧根少；有的根颈以下部分膨大、畸形，根颈附近开裂，严重时根变褐色坏死、木栓化和空洞化。

防治措施：

第一，注意增施生物菌有机肥料，提高土壤温度和土壤透气性，增强根系活力。每亩增施硼肥 1～1.5 千克，补充土壤硼元素。

第二，注意喷洒 600 倍天达 2116，促进根系发达，通过提高根系活力，增强植株对硼的吸收，提高抗逆性能。

第三，结合浇水每亩冲施硼砂 1 千克左右。

第四，叶面喷洒 0.3%～0.4% 硼砂液（或 1 000 倍天达硼或 1 000 倍硼尔美）＋3 000 倍有机硅混合液，每 5～7 天 1 次，连续 2～3 次。

16. 怎样识别与防治辣（甜）椒缺锌症？

锌对辣（甜）椒组织的正常发育具有重要意义。辣（甜）椒缺锌，植株顶端先受影响，易发生顶枯现象，或叶片上产生斑点或失绿，严重时叶片坏死或死亡。

防治措施：

第一，注意增施生物菌有机肥料，提高土壤温度和土壤透气性，增强根系活性。每亩增施硫酸锌 1 千克，补充土壤锌元素。

第二，注意喷洒 600 倍天达 2116，促进根系发达，通过提高根系活力，增强植株对锌的吸收，提高抗逆性能。

第三，结合浇水冲施硫酸锌，每亩 0.5～1 千克。

第四，叶面喷洒 0.3% 硫酸锌＋3 000 倍有机硅混合液，每 5～7 天 1 次，连续喷洒 2～3 次。

17. 在同一地块连续种植几年辣（甜）椒后为什么长不好？为什么产量大幅度下降？

这种现象称为重茬障碍，也称土壤连作障碍。辣（甜）椒种植的头几年，长势健壮，产量较高，但是随着连作年限的增加，长势越来越差，病害势越来越重，产量逐年下降，这是因为连作造成的，称为连作障害。

连作障害几乎在所有辣（甜）椒上发生，因为每种辣（甜）椒的病害种类、对各种肥料元素的吸收比例多是相对稳定的，连续长期种植同一种辣（甜）椒，土壤中辣（甜）椒所需求的肥料种类会逐年减少，特别是某些微量元素会逐年缺乏，如果不注意配方施肥、增加施肥量，不及时补施该种所必需的微量元素，必然发生缺素症，严重影响其生长发育，而且逐年加重，产量就会越来越低。再是连续长期种植同一种辣（甜）椒，侵染该辣（甜）椒的土传病菌随着病害的发生发展，会在土壤中逐年累积，病菌数量逐年增多，病害必然会逐年加重，辣（甜）椒产量自然会大幅度下降。

18. 怎样解决辣（甜）椒连作障害?

解决辣（甜）椒连作障害最有效的方法是实行辣（甜）椒与豆类、葱蒜类、叶菜类、根菜类、瓜类及其他作物轮作。如果确实需要在同一地块上连续种植辣（甜）椒，必须采取以下技术措施，以便减少连作障害发生。

①增施有机肥料和微肥，减少速效化学肥料特别是速效氮素化学肥料的施用量。

②土壤使用生物菌，并施用生物菌发酵有机肥料和必须施用的速效化学肥料。有益的生物菌如枯草芽孢杆菌、侧孢芽孢杆菌、放线菌、木霉菌等有益菌，施入土壤和肥料中后会快速繁育，土壤中菌体数量猛增，这些菌类在繁育增殖过程中会吸收土壤和肥料中的各种肥料元素，它不但会吸收速效的氮、磷、钾、钙、镁、硫及各种微量元素，而且还会富积已经被土壤固定的各种肥料元素，将其变成自己的菌体。这些菌体在不断地更新，新菌大量发生，老菌不断死亡，死亡的菌体会转变为腐殖质，腐殖质虽然量少，但是对土壤的作用巨大。腐殖质具有黏结作用，能把细小土粒黏结成团粒；腐殖质带有负电荷，能把土壤溶液中的游离态、带正电荷的 NH_4^+、K^+、Ca^{2+}、Mg^{2+}、Zn^{2+}、Fe^{2+}、

Cu^{2+} 等肥料元素离子吸附于土壤团粒上，显著提高土壤的保水保肥性能，大大改善土壤的理化性能。

生物菌大量繁育后，土壤中有益的生物菌数量快速增加，不但能促进辣（甜）椒根系发达，而且能显著抑制土壤中有害真菌、细菌、病毒的繁育，并能不同程度地消灭土壤有害菌类，从而减少土传病害的发生，促进辣（甜）椒植株的生长发育。

有机肥料不但含有大量的有机质，而且还含有氮、磷、钾、钙、镁、硫等大中量元素和硼、铁、锌、锰、铜、钼、氯等微量元素，养分齐全，大量施用能显著增加、补充土壤养分，解决土壤的缺素问题。

有益生物菌能消耗土壤溶液中的游离态、速效肥料元素，菌体死亡后生成的腐殖质又能吸附土壤溶液中的带正电荷的肥料元素离子，从而可大大降低土壤溶液浓度，减少土壤中过多的肥料元素对辣（甜）椒根系的伤害，能显著消除连作障碍。

19. 辣（甜）椒田土壤盐渍化是怎样形成的？应该怎样预防土壤盐渍化？

辣（甜）椒栽培中，特别是设施栽培，由于长期大量的施用速效化学肥料，尤其是氮素化肥的大量施用，会造成土壤中盐基不断增多、积累，使土壤的盐碱含量不断提高，形成土壤盐渍化。

土壤盐渍化以后，会大大影响辣（甜）椒的生长发育，甚至造成大量死秧，植株生长发育艰难，最终不得不终结栽培。

土壤盐渍化并非菜田的必然规律，而是因错误的施肥操作造成的。因此预防土壤盐渍化应改变传统的大量施用化学肥料的不良施肥习惯，注意做到以下几点：

①注意增施有机肥料，减少速效化肥的施用量，特别要减少氮素化肥的施用量，即便是追肥也要坚持施用腐熟的有机肥料，追施粪稀、粪干、饼肥等。

②土壤增施生物菌土壤改良剂，改善土壤理化性能，预防土

壤的盐基积累。

③进入 6 月中下旬以后，大棚生产要撤去棚膜，让自然降雨淋溶土壤，减低土壤中的盐基含量。

④坚持使用天达 2116 提高辣（甜）椒本身的适应性、抗逆性，增强其对土壤盐碱的适应能力。

⑤建造新温室时不要从室内取土，维持设施内地面不比室外地面低，以利雨季灌水洗盐。

只要认真坚持执行以上措施，设施土壤就不会发生盐渍化。对于已经盐渍化的土壤，要采取雨季灌水淋碱，增施石膏、过磷酸钙、硫酸亚铁、醋糟、酒糟等酸性肥料，大量增施生物菌和有机肥进行改良。

20. 土壤质地是纯沙土地，漏肥漏水严重，怎样改造？

纯沙土地漏肥漏水，对辣（甜）椒生长发育极为不利，投资大而效益低下。但是，只要能解决了漏肥漏水问题，沙土地在管理上又有诸多好处。一是土壤透气性好，利于发根，植株生长迅速，能早结果、早丰产。二是土壤的耕性好，便于操作，省工省力。三是土壤温度高，昼夜温差大，既利于减少有机营养的呼吸消耗，又有利于提高果实品质。

解决土壤的漏肥漏水问题方法：

①大量施用生物菌有机肥料，增加土壤团粒结构，提高保水保肥性能。

②地面铺压黏土，后黏沙掺混，改善土壤质地和理化性状。

③结合深翻整地，在土壤底部铺设一层塑料薄膜。土壤底部铺设塑料薄膜之后，彻底解决了土壤漏肥漏水的问题，可节约用肥 40% 左右，节约用水 50% 以上。只要以后整地，不破坏土壤底部的薄膜，可长期发挥效益，是一次性投入，长期受益的节水、节肥、增收的好办法。

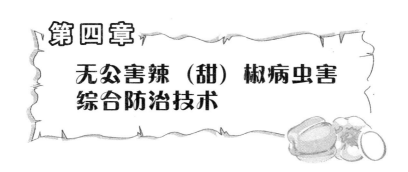

第四章 无公害辣（甜）椒病虫害综合防治技术

1. 无公害辣（甜）椒病虫害综合防治技术主要有哪些?

贯彻"预防为主，综合防治"的植保方针是无公害辣（甜）椒生产的关键策略。在综合防治中，要以农业防治为基础，因时因地制宜，合理运用化学防治、生物防治、物理防治、生态防治等综合防治措施，经济、安全、有效地控制病虫为害。

2. 什么是农业防治?

农业防治是指利用农业管理手段和栽培技术，创造适宜辣（甜）椒生长发育和有益生物生存繁殖而不利于病虫发生的环境条件，避免病虫发生或减轻病虫为害。

（1）**选择抗病良种** 在选择适销对路、适合本地种植品种的前提下，应种植丰产、优质、抗病虫、抗逆性强的品种。同时要掌握品种的栽培特性，做到良种良法配套。注意品种抗性表现和变化，一旦抗性丧失，应及时更新品种。

（2）**选择生产基地** 生产基地生态条件良好，无工矿企业污染源，远离医院、垃圾和主要交通要道，保持空气和灌溉水清洁；基地菜田要选择符合土壤环境质量规定，排灌方便、土层深厚、疏松、肥沃的壤土或沙壤土。

（3）**要合理安排茬口** 实行辣（甜）椒与不同种类作物轮作

倒茬，不要重茬连作种植。

（4）消毒 一是种子消毒。根据当地主要病害选用相应的消毒方法，如阳光晒种、温汤浸种、干热灭菌等。二是床土消毒。彻底清洁田园，因地制宜选用无病虫源的田园土、腐熟农家肥；苗床也可利用太阳能、蒸汽等进行高温消毒。三是大棚消毒。定植前用敌敌畏乳油拌上锯末撒地面，同时点灭菌烟雾剂或地面点燃硫黄粉，后随即封闭棚室进行高温闷棚 10 天以上，彻底放风后定植；或定植前及生长期间用 25％～45％百菌清烟雾剂，每亩点燃 300 克左右，密闭熏烟消毒等，可防治多种病虫害；架材可用福尔马林消毒，也可采用高温闷棚。四是肥料消毒。可以采用掺加生物菌高温堆肥、沼气发酵等措施杀灭肥料中的病菌、虫卵及害虫。

（5）培育无病虫壮苗 采用营养钵或营养土坨育苗，寒冷季节要提高地温，促进根系发育，增强抗病力；用防虫网纱覆盖苗床，减少病虫发生。

（6）肥水管理 保持氮、磷、钾肥和中微量元素肥的适当比例，增施生物菌腐熟有机肥，以增强辣（甜）椒的整体抗性。

（7）生态调控 改进栽培方式，加强管理，控制温室、大棚的生态条件。如改良土壤、精耕细作、合理密植、地面覆盖、浅沟高畦、滴灌或渗灌以及通风降湿、高温闷棚等措施减轻病虫害发生。

（8）嫁接换根 嫁接可防治枯萎病、黄萎病、青枯病、线虫病等土传病害和防渍涝。

3. 什么是物理防治？

利用光、热、温、湿和机械等手段防治病虫害为物理防治。

（1）设施防护 保护设施的通风口或门窗处增设防虫网，夏季覆盖塑料薄膜、防虫网和遮阳网，可避雨、遮阳、防病虫侵入。

（2）**诱杀** 利用害虫的趋避性进行防治。如黑光灯可杀 300 多种害虫；频振式杀虫灯既可诱杀害虫，又能保护天敌；悬挂黄色黏虫板或黄色机油板诱杀蚜虫、粉虱及斑潜蝇等；糖醋液诱杀夜蛾科害虫；地面铺设或覆盖银灰膜或银灰拉网、悬挂银灰膜条驱避害虫等。

（3）**臭氧防治** 保护地利用臭氧发生器定时释放臭氧防治病虫害。

（4）**高温闷棚** 利用暑季高温密闭设施增温灭菌、杀虫。

4. 什么是生物防治?

利用生物和微生物来防治病虫害为生物防治，主要内容如下：

（1）**利用昆虫天敌** 如利用赤眼蜂防治菜青虫、小菜蛾、斜纹夜蛾、菜螟、棉铃虫等鳞翅目害虫；草蛉可捕食蚜虫、粉虱、叶螨以及多种鳞翅目害虫卵和初孵幼虫；小茧蜂可防治蚜虫；丽蚜小蜂可防治螨类；瓢虫、食蚜蝇、猎蝽等也是捕食性昆虫天敌，注意保护可利于防治。

（2）**微生物防治** 菜蛾特、苏云金杆菌（Bt）、白僵菌、绿僵菌可防治小菜蛾、菜青虫等鳞翅目害虫；昆虫病毒如甜菜夜蛾核型多角体病毒可防治甜菜夜蛾，棉铃虫核型多角体病毒可防治棉铃虫和烟青虫，小菜蛾和菜青虫颗粒病毒可分别防治小菜蛾和菜青虫，阿维菌毒、微孢子虫等原生动物可防治多种害虫。

（3）**生物药剂** 农用抗生素如农抗 120 和多抗霉素可防治猝倒病、霜霉病、白粉病、灰霉病、枯萎病、黑斑病和疫病，井冈霉素可防治立枯病、白绢病、纹枯病等，庆大霉素、小诺霉素可防治软腐病、溃疡病、青枯病和细菌斑点病等细菌性病害，庆丰霉素可防治软腐病和细菌斑点病，庆丰霉素、武夷菌素、多抗霉素及新植霉素等农用抗菌素可防治多种病害，辣（甜）椒花叶病毒卫星疫苗 S32 和烟草花叶病毒弱毒疫苗 N14 可防治病毒病，植物源农药如印楝素、藜芦碱醇溶液可减轻小菜蛾、甜菜夜蛾、烟粉虱为害；苦参碱、苦楝、烟碱等对多种辣（甜）椒害虫有一定的防治作用；米螨、卡死克、抑太保等昆虫激素能防治多种辣（甜）椒害虫；各种食心虫的性诱激素能诱扑其雄性成虫和预测预报成虫羽化规律。

5. 什么是生态防治？

生态防治是通过调整辣（甜）椒生长所在地周边环境的温度、湿度、光照等环境条件，改变辣（甜）椒的生态环境，使之基本适应辣（甜）椒的生长发育，而不适应于病害、虫害的侵染和生长发育，从而达到预防病虫害发生的良好效果。例如在设施中栽培辣（甜）椒，白天空气温度维持在 30～32℃，14:00 左右开始逐渐加大风口，降温排湿，落日时温度维持在 16～18℃，放草帘后开启顶风口，防止夜间室内起雾、结露水，并通过调整风口大小、开启时间长短，使上半夜室温维持在 18～20℃、清晨室内温度维持在 10～12℃。这样白天高温、夜间低湿的环境条件既可保障辣（甜）椒正常的生长发育，又能抑制设施栽培辣（甜）椒经常发生的霜霉病、疫病、灰霉病、青枯病等病菌的侵染和发展，从而达到预防病害发生的目的。

6. 什么是化学防治？

化学防治是利用化学农药防治病虫害的有效手段，化学农药虽有其污染环境、破坏生态平衡、产生抗性等弊病，但是由于它具备防治对象广、防治效果好、速度快，能进行工业化生产的特性，因此，它仍是防治病虫害的最主要措施，特别是病害流行、虫害暴发时更是有效的防治措施，离开化学防治，辣（甜）椒的稳产、高产、高效实际上是不可能的。

7. 无公害辣（甜）椒生产中应该怎样科学使用农药？

化学防治的关键是科学合理地用药，既要防止病虫为害，又要减少污染，使辣（甜）椒中的农药残留量控制在允许范围内。为提高防治效果，做到无公害化生产，在进行化学防治时应注意做到：

（1）要按照国家制定的《无公害蔬菜生产技术规程》的要求使用农药　具体做到以下几点：一是禁止使用高毒、高残留和致畸、致癌、致突变的农药及使神经系统中毒的农药，如林丹、甲基对硫磷、氧化乐果、克百威、杀虫脒等。二是控制使用易中毒和全杀性农药的使用次数和使用量，如菊酯类农药。三是以农业防治和生态防治为基础，优先使用生物和生化农药进行防治，如苏云金杆菌、棉铃虫核型多角体病毒、多抗霉素、井冈霉素、阿维菌素等；推广使用高效、低毒、低残留的化学农药，如啶虫脒、虫酰肼、灭幼脲、多菌灵等。四是掌握农药使用操作规程，提高农药使用技术，严防人畜中毒，防止对畜、禽、鱼、蚕、蜂等养殖业动物和生物环境、水源的污染和危害。五是防止对辣（甜）椒基地环境的污染。

（2）正确选用药剂　根据病虫害种类、农药性质，采用不同的杀菌剂和杀虫剂来防治，做到对症下药。所使用的农药必须经过农业部农药检定所登记，不得使用没有登记、没有生产许可证的农药，特别是"四无"伪劣农药；注意选择高效、低毒、安全、无污染的农药；要合理配药，切勿随意提高施用倍数和几种不同性质的农药胡乱混配，造成药品失效。例如，含铜、锰、锌等成分的农药，与含磷酸根的叶面肥混用，则铜、锰、锌等金属离子会被磷酸根固定而使农药失效。严禁重复喷药，以免发生药害。灭虫时应尽量选用生物农药，如防治棉铃虫、小菜蛾等鳞翅目害虫，宜选用25%天达灭幼脲3号、20%虫酰肼及2%阿维菌素类等胃毒和触杀性药剂，这类药品对人、畜、禽、鱼、蜂、蚕安全，不污染环境，对有益昆虫无杀伤力，对害虫不产生交互抗性，其选择性强，既能保护天敌、维护生态平衡，又能有效地控制害虫为害。防治红蜘蛛、蚜虫、介壳虫等刺吸式口器害虫，应选用阿维菌素、吡虫啉、啶虫脒等药剂。防治病害时，应准确诊断病害，做到因病施药，切忌不明情况，盲目用药，以免浪费农药，达不到防治效果，甚至造成药害。

（3）掌握施药时机　根据病虫害的发病规律，找出薄弱环节，及时施药，适时喷药，真正做到防重于治。防治鳞翅目害虫，应在虫卵孵化盛期用药；防治蚜虫、红蜘蛛等其他害虫，应在害虫的发生初期用药；防治各种病害，应在发病之前或发生初期用药。注意：每种药剂都有一定的残效期，如果喷药间隔时间太长，势必给病虫提供可乘之机，对辣（甜）椒造成为害。

（4）科学使用天达 2116、有机硅　只要不是碱性农药，用药时科学掺加天达 2116 和有机硅，不但能提高植物体自身的抗逆性和免疫力，促进扎根，增强光合作用，减少病害发生，增加产量，而且可提高农药的分散性、浸润性、渗透性、黏着性和药剂自身活性，可以显著减少药剂的使用量和喷洒次数，节约用药、增强药效，提高防效，起到事半功倍的效果，还能显著降低农药在辣（甜）椒中的残留量。

（5）轮换交替使用不同种类的农药，防止或延缓病虫产生抗药性　在辣（甜）椒病虫害防治中，长期连续使用同一种农药或同类型的农药，极易引起病虫产生抗药性，降低防治效果。因此，要根据病虫害的特点，选用几种作用机制不同的农药交替使用，有利于延缓病虫产生抗药性，既可达到良好的防治效果，又可减少农药使用量，降低辣（甜）椒中农药的残留量。

（6）提高喷药质量　许多病菌都来自土壤，且叶片反面的气孔数目明显多于正面，病菌很容易从叶片反面气孔中侵入，引起发病。因此，喷药时要做到喷布周密细致，使叶片正反两面、茎蔓、果实、地面，都要全面着药，特别是地面和叶片反面，更要着药均匀。

（7）合理进行农药的混用　辣（甜）椒生长中，几种病虫混合发生时，为节省劳力，可将几种农药混合使用。农药混用，要遵守以下几个原则：一是混合后不能产生物理和化学变化，对遇碱性物质有分解失效的农药，不能与碱性农药混用；二是混合后对辣（甜）椒无不良影响，不增加毒性；三是混合后应有兼治和增效的作用；四是混合后不增加防治成本。

（8）准确掌握农药使用浓度　按农药说明书推荐的使用剂量、浓度准确配药，不能为追求高防效随意加大用药量。配制时，应持专用量具准确量取所需农药。

（9）严格遵守农药安全使用准则　一是严格掌握安全间隔期。安全间隔期是指蔬菜最后一次施药时间距收获期的天数。不同蔬菜种类和农药品种及使用季节，其安全间隔期不同。如2%阿维菌素乳剂，在白菜上的安全间隔期不少于10天，在辣（甜）椒、萝卜上的安全间隔期分别为5天和7天，而在秋冬季使用时，间隔期还要长。二是严格按规定施药。遵守农药使用的范围、防治对象、用药量、用药限次等事项，不得盲目更改。三是遵守农药安全操作规程。农药应存放在安全的地方，配药人员要戴胶皮手套，拌过药的种子应尽量用机具播种，施药人员必须全身防护，操作时禁止吸烟、喝水、吃东西，不能用手擦嘴、脸、眼睛，每天施药时间一般不得超过6小时，如出现不良反应，应立即脱去污染的衣服、鞋帽和手套，然后立即用清洁水漱口，用肥皂水擦洗手、脸和皮肤等暴露部位，并及时到医院治疗。

（10）看天气施药　一般应在无风的晴天进行，气温对药效也有一定影响，要根据天气情况，灵活使用农药，避开每天的高温（高于28℃）时间喷洒，以免发生药害。预防病害用药应在雨前和连阴天气来临之前喷洒，设施栽培辣（甜）椒应在灌水之前用药。

8. 怎样识别辣（甜）椒苗期猝倒病？怎样防治？

辣（甜）椒苗期的猝倒病也称"卡脖子"病。

症状：播种后首先引起胚芽和子叶腐坏，不能正常出苗，降低出苗率。大发生期在两片子叶展平到长出两片真叶期间，开始时仅个别幼苗发病，茎的基部呈水渍状后变成黄褐色，并逐渐缢缩成线状，大多病苗子叶还没退绿，幼苗已倒在苗床上。1～3天内依此为中心向外扩散，可导致成片死苗，形成蘑菇圈。此时苗床若湿度大，病苗体表及附近的床土上会长出一层白色絮状菌丝。

发病原因：第一是土壤带菌，猝倒病的病原菌的卵孢子在土壤中越冬，育苗时营养土土壤没有消好毒会造成该病害的发生；第二是苗期管理不当为病菌提供了有利条件，如苗床温度过低，播种过密，大水漫灌，保温放风不当，秧苗徒长、受冻等；第三是地势低洼、排水不良、土壤黏重及使用未腐熟的有机肥等都易引发病害。

防治措施：

（1）合理选择育苗场地 选择地势高燥、避风向阳、排水良好、土壤肥沃、透气良好、没有种过茄科作物和薯类的地块，前茬是葱蒜茬口的地最好，施用的农家肥要充分腐熟。

（2）育苗前处理苗床 播种苗床要充分翻晒，同时进行苗床消毒，常用50%多菌灵可湿性粉剂每平方米8～10克，加细土5 000克混拌均匀。取 1/3 药土播种前洒床面，2/3 药土播种后作盖土。

（3）苗床灌溉 苗床灌溉改土壤喷水、漫灌为土下渗灌，保持土壤疏松透气，降低苗床湿度，防止幼苗地上部分结露、有水膜发生，维持干燥状态，使病菌孢子难以发芽，预防病害发生。

（4）种子消毒 将病害消灭在萌芽之中，用40%甲醛100倍液（或高锰酸钾500倍液）浸种30分钟后，冲洗干净进行催芽。

（5）加强苗期管理 铺地膜提高地温，促进种子发芽，苗床土壤温度保持在 16℃ 以上，气温保持在 28℃ 左右。出苗后注意通风，降低室内温度和湿度，增加光照促进秧苗根系生长。发现病株及时拔出，集中掩埋，防止病害蔓延。

（6）药剂防治 发现病株及时用药，可用 1 000 倍裕丰 18（或 50％ 可湿性粉剂多菌灵 500 倍液，或 99％ 天达噁霉灵 3 000～4 000 倍液，或 64％ 杀毒矾可湿性粉剂 500 倍液，或 75％ 百菌清可湿性粉剂 600 倍液等）＋800 倍天达 2116＋3 000～6 000 倍有机硅混合药液进行防治，每 5～7 天一次，连续 2～3 次。以上药剂交替使用效果更好。

9. 怎样识别辣（甜）椒苗期立枯病？怎样防治？

辣（甜）椒的立枯病也称死苗，是辣（甜）椒苗期的重要病害，多发生育苗的中后期，早期发病秧苗茎基部产生椭圆形暗褐色病斑，白天萎蔫，夜晚恢复。随着病斑扩大到整个茎基部，造成病部收缩干枯，整个幼苗死亡，病株一般不倒伏。潮湿时茎基部可见淡褐色的霉状物。

立枯病由立枯丝核菌侵染引起土传病害，可在土壤中病株残体上越冬，传播方式由雨水、灌溉水和堆肥为介质。病菌生长温度范围 12～30℃，17～28℃ 最适宜。高温高湿，气温忽高忽低，有利于病害的蔓延。

防治措施与猝倒病相同。

10. 辣（甜）椒霜霉病有哪些症状？怎样防治？

辣（甜）椒霜霉病的症状与发病条件：辣（甜）椒霜霉病俗称"干叶子"，苗期、成株都可受害，主要为害叶片和茎，花梗受害较少。幼苗期发病，子叶正面发生退绿，呈不规则的黄褐色斑点，病斑直径 0.2～0.5 厘米，潮湿时病斑背面产生白色霉状物，严重时子叶变黄干枯。

成株发病，多从温室前沿开始，发病株先是中下部叶片反面出现水渍状淡绿色小斑点，正面不显，后病斑逐渐扩大，正面显露，病斑变黄褐色，在潮湿条件下，病斑背面出现白色稀疏霉层。严重时病斑连成一片，叶片干枯。

辣（甜）椒霜霉病是由鞭毛菌亚门假霜霉属真菌侵染引起，该病菌靠气流和雨水传播。在温室中栽培辣（甜）椒，人们的生产活动是霜霉病的主要传染源。

辣（甜）椒霜霉病最适宜发病温度为 20～24℃，低于 15℃或高于 28℃，较难发病，低于 5℃或高于 30℃，基本不发病。适宜的发病湿度为 85% 以上，特别在叶片有水膜时，最易受侵染、发病。湿度低于 70%，病菌孢子难以发芽侵染，低于 60%时，病菌孢子不能产生。

防治措施：防治辣（甜）椒霜霉病要实行"预防为主，综合防治"的植保方针。

①要选用抗病品种，壮苗定植，注意与非茄果类蔬菜轮作，增施生物菌有机肥、磷钾肥和中微量元素肥料，减少氮肥施用量，预防植株徒长，调整好营养生长与生殖生长的关系，维持健壮长势，提高植株自身的抗病性能。

②要注意调整生态环境，大田栽培要实行南北行向，适当增大行距，改善通风条件，降低田间小气候湿度。设施栽培栽植前实行高温闷棚，铲除室内残留病菌，栽植以后，严格实行封闭型管理，防止外来病菌侵入和互相传播病害；注意调整棚内小气候环境，白天实行高温管理（30～32℃），夜晚加大通气量，实行低温管理（12～18℃），降低室内空气湿度，创造一个不适宜霜霉病侵染发育的环境条件，控制病害的发生。

③注意及时清除病原，对各种病残体要及时就地掩埋，严禁随地乱扔，散发病菌，传染病害。

④化学防治：要在"预防为主，综合防治"方针的指导下科

学用药，大田栽培要力争在每次降雨之前用药，遇到连阴雨天气，要抓住降雨间隙抢喷农药保护，设施栽培每次灌水之前和变天之前先行用药，保护好果秧后再浇水。

主要用药如下：50％安克（烯酰吗啉）1 000～1 500 倍液、50％百泰水分散剂 1 500 倍液、天达裕丰 1 000 倍液、99％天达噁霉灵 3 000～5 000 倍液、80％乙膦铝 500 倍液＋64％杀毒矾 500 倍液、72％杜邦克露 600～800 倍液、72.2％普力克 700 倍液、75％百菌清 800 倍液＋64％甲霜灵 600 倍液、80％大生 600～800 倍液、1：4：600 倍铜皂液。以上药液分别掺加3 000～6 000 倍有机硅＋600～800 倍天达 2116 混合液交替施用。

设施栽培可用 5％百菌清粉尘剂，每亩温室喷粉 1 000 克，或用 45％百菌清烟雾剂熏烟，每亩棚室 300～400 克预防，每 7 天左右 1 次。

11. 辣（甜）椒疫病有哪些症状？怎样防治？

辣（甜）椒疫病俗称"卡脖子病"，整个生育期都能发病，主要为害叶片、茎和果实。

症状：幼苗期发病，多从茎基部开始染病，病部出现水渍状软腐，病斑暗绿色，最后呈猝倒病状或立枯病状死去。成株染病，叶片上出现暗绿色圆形病斑，边缘不明显，空气潮湿时，病斑扩展迅速，叶片大部软腐，易脱落，空气干燥时，病斑停止扩展，边缘渐渐明晰成淡褐色。茎及枝条染病，出现暗褐色黑色条状病斑，边缘不明显，条斑以上枝叶很快枯萎，茎基部得病常呈褐色软腐，潮湿时病斑上出现白色霉层。果实染病，多从蒂部开始，病斑呈水渍状暗绿色软腐，边缘不明显，潮湿时，病部扩展迅速，可全果软腐，颜色加重，暗绿至暗褐色，果肉和种子也变色，果面长出稀疏白色絮状霉层，干燥后变淡褐色、枯干。

辣（甜）椒疫病是由鞭毛菌亚门辣（甜）椒疫霉真菌侵染所致。其传播方式，病菌以卵孢子在土壤中或病残体中越冬，借风、雨、灌水及其他农事活动传播。发病后可产生新的孢子囊，形成游动孢子进行再侵染。也可以游动孢子侵入寄主，致使病害流行。

辣（甜）椒疫病发病条件的病菌生育温度范围为 $10\sim37℃$，最适宜孢子囊的产生温度为 $20\sim30℃$，$25℃$ 左右适于游动孢子的产生与侵染。孢子囊和游动孢子的产生与萌生，都与空气湿度有关，空气相对湿度达 90% 以上时发病迅速；降雨日数多、雨量大、重茬、低洼地、排水不良、氮肥施用偏多、密度过大、植株衰弱均有利于该病的发生和蔓延。

防治措施：同辣（甜）椒霜霉病。

12. 辣（甜）椒灰霉病有哪些症状？怎样防治？

辣（甜）椒灰霉病的症状与发病规律：辣（甜）椒灰霉病为害果花、幼果、茎、叶等，以为害果花和幼果最为普遍。发病初期幼果蒂部成水渍状，色渐变浅，病部变软、腐烂，潮湿时，病斑表面密生灰黑色霉状物，花瓣枯萎脱落，果实停止生长；叶部发病，多从叶片边缘开始发病，病斑呈近似 V 形向叶片内部扩展，初为水渍状，后变为浅灰褐色斑，其边缘较明显，潮湿时病斑中间产生灰色霉状物，有时病斑上有不明显的轮纹。茎部发病，病部溃烂，生灰褐色霉状物，前部果蔓折断死亡。

灰霉病是由半知菌亚门灰葡萄孢属真菌侵染所致，其病菌最适宜发病温度为 $18\sim23℃$，最高温度为 $32℃$，最低温度为 $4℃$，当湿度达 90% 以上时发病严重。

防治措施：防治辣（甜）椒灰霉病要实行"预防为主，综合防治"的植保方针。

①要选用抗病品种，嫁接育苗、壮苗定植，注意与非茄果类蔬菜轮作，增施生物菌有机肥、磷钾肥和中微量元素肥料，减少氮肥施用量，预防果秧徒长，调整好营养生长与生殖生长的关系，维持健壮长势，提高植株自身的抗病性能。

②要注意调整生态环境，大田栽培要实行南北行向，适当增大行距，改善通风条件，降低田间小气候湿度；设施栽培，白天实行高温管理（30～32℃），夜晚加大通气量，实行低温管理（12～18℃），降低室内空气湿度，创造不适宜灰霉病侵染发育的环境条件，控制病害的发生。

③注意及时摘除病果、病叶，对各种病残体要随即及时就地掩埋，严禁随地乱扔，散发病菌，传染病害。

④注意喷药保护，每次浇水和变天之前喷洒天达 2116 瓜茄果专用型 600 倍液＋有机硅 3 000～6 000 倍液＋50％凯泽水分散剂 1 500～2 000 倍液（或 10％世高 3 000 倍液，或 99％噁霉灵 3 000～4 000 倍液，或 50％扑海因 800 倍液，或 50％速克灵 800 倍液，或灰核威 800 倍液，或菌核净 600～800 倍液，或多抗霉素 800 倍液，或 65％抗霉威 1 000 倍液）混合液。如用 25％阿米西达喷洒，因其内含有有机硅，故不需再加，可只用 2 500～3 000 倍液＋600 倍天达 2116 混合液喷洒。设施栽培可用 5％万霉灵粉尘剂每亩温室 1 000 克喷粉预防，或 25％灰霉清烟雾剂或 45％灰太狼牌烟雾剂，每亩温室 300～400 克熏烟预防。

13. 辣（甜）椒白粉病有哪些症状？怎样防治？

辣（甜）椒白粉病的症状与发病规律：辣（甜）椒白粉病从幼苗到成株均可发病，主要为害叶片，有时也为害茎蔓与叶柄。发病初期，叶片上出现白色小斑点，后逐渐扩大，最后可连成片，叶面上布满白色粉状霉层。严重时，叶片逐渐变黄，干枯，有时病斑上出现许多黑色点状物。

白粉病是由子囊菌亚门单丝壳属真菌侵染所致，其病菌最适宜发病温度为 16～25℃，孢子萌发温度范围为 10～30℃，在高于 30℃或低于 1℃条件下很快失去生活力。白粉病对湿度要求不严，最适宜发病湿度为 75％，相对湿度达 25％以上，分生孢子就能萌发，孢子遇水滴或水膜吸水后破裂。若管理粗放，植株衰弱或浇水不当，氮肥施用过多，栽植密度过大，都会加重病害发生。

防治措施：防治辣（甜）椒白粉病要实行"预防为主，综合防治"的植保方针。综合防治同辣（甜）椒灰霉病。

在化学防治上，可每次浇水和变天之前喷洒天达 2116 瓜茄果专用型 600 倍液＋有机硅 3 000～6 000 倍液＋50％翠贝 3 000 倍液（或 25％粉锈宁 2 000 倍液，或 15％粉锈宁 1 500 倍液，或 10％世高 2 000 倍液，或 75％甲基托布津 800 倍液，或 50％多菌灵 500 倍液，或 40％福星 7 000 倍液，或 2％武夷霉素 200 倍液）混合液。发病初期喷洒 0.2 波美度石硫合剂＋3 000 倍有机硅防治效果甚佳。设施栽培，用 45％百菌清烟雾剂熏烟，每亩温室 300～400 克，或 5％百菌清粉尘剂或 10％多菌灵粉尘剂每亩温室喷粉 1 000 克。

14. 怎样识别与防治辣（甜）椒炭疽病？

辣（甜）椒炭疽病分为黑色、红色两种类型。

辣（甜）椒黑色炭疽病，主要为害果实和叶片，也可侵染茎部。叶片染病，初呈水渍状退色绿斑，后逐渐变为褐色。病斑近圆形，中间灰白色，上有轮生黑色小点粒，病斑扩大后呈不规则形，有同心轮纹，叶片易脱落。生长后期为害果实，着色成熟时果受害较重，初呈水渍状黄褐色病斑，扩大后呈长圆形或不规则形，病斑凹陷，上有同心轮纹，中间灰褐色，轮生黑色点粒，潮湿时，病斑的边缘出现浸润圈，干燥时呈膜状，易破裂。

辣（甜）椒红色炭疽病，果实出现黄褐色、圆形水渍状病斑，后期凹陷，上有轮纹状排列的橘红色小粒点，潮湿时溢出淡红色或粉红色黏状物。

辣（甜）椒炭疽病由半知菌亚门黑刺盘孢菌和辣（甜）椒盘孢菌的真菌侵染所致。病菌以分生孢子附着在种子表面，或以菌丝体潜伏在种子内越冬，也可以菌丝体、分生孢子或分生孢子盘在病残体或土壤中越冬，条件适宜时，借风雨、灌水、昆虫及农事活动传播，种子可以直接传病。病菌发育温度范围为 12～33℃，最适温度为 27℃，空气相对湿度达 85% 以上时，最适宜发病和侵染，空气相对湿度在 70% 以下时，难以发病。地势低洼、排水不良、密度过大、氮肥施用过多、虫害严重时病害加重，发展迅速。

防治措施：综合防治方法同辣（甜）椒灰霉病。

如果辣（甜）椒植株已经开始发病，化学防治用药如下：10% 苯醚甲环唑 2 000 倍液（或 80% 大生 800 倍液，或 80% 炭疽福美 600 倍液，或 50% 多菌灵 500 倍液，或 70% 甲基托布津 800 倍液，或 75% 百菌清 800 倍液）＋天达 2116 瓜茄果专用 600 倍液＋有机硅 3 000～6 000 倍混合液，每 5～7 天 1 次，连续喷洒 2～3 次扑灭之。

15. 怎样识别与防治辣（甜）椒疮痂病？

辣（甜）椒疮痂病主要为害叶片、果实和茎，幼苗染病，子叶上产生银白色水渍状小斑点，后变暗、凹陷，叶片脱落，严重时植株死亡。

成株叶片染病，初生水渍状黄绿色小斑点，近圆形或不规则形，边缘暗褐色，稍隆起，中部色浅，稍凹陷，表面粗糙像疮痂，有时病斑反面有黄褐色菌脓，受害严重时，病斑连片、破裂，最后叶片脱落，有时叶片成畸形。

果实染病，初生褐色隆起小点，渐扩大成 1～3 毫米的稍隆起的近圆形或长圆形黑色疮痂斑，病斑边缘有裂口，有水渍状晕环，潮湿时，可溢出菌脓。茎部染病，生水渍状暗褐色条斑，病斑稍隆起，纵裂呈溃疡状疮痂斑。

疮痂病是由黄单孢杆菌（属细菌）侵染所致。该病菌附着在种子表面越冬，也可随病残体在土壤中越冬，借风雨、灌水、农事活动传播。病菌最适宜发育温度为 27～30℃，最低温度为

5℃，最高温度为 40℃，高温多雨时发病重。地势低洼、排水不良、植株过密、生长衰弱时容易发病。

防治措施：综合防治同辣（甜）椒灰霉病。

化学用药如下：600 倍 2.5% 诺氟沙星药液（或 2 000 倍土霉素，或 2 000 倍庆大霉素，或 2 000 倍小诺霉素，或 400 倍 23% 络氨铜，或 500 倍 77% 可杀得，或 2 000～3 000 倍农用氯霉素）＋600 倍天达 2116＋3 000～6 000 倍有机硅，以上药液交替使用，每 5～7 天 1 次，连续喷洒 2～3 次扑灭之。

16. 怎样识别与防治辣（甜）椒软腐病？

辣（甜）椒软腐病主要为害果实，从伤口开始发病，病部初呈水渍状暗绿色软腐；很快会全果腐烂变臭，病果脱落或挂在枝上，干枯后呈白色。

辣（甜）椒软腐病是因欧氏杆菌（属细菌）侵染所致。病菌随病残体在土壤中越冬，借风雨传播，从伤口侵入发病。病菌发育最适宜温度为 30～35℃，最低温度为 2℃，最高温度为 41℃，50℃时 10 分钟致死。该病在重茬地、地势低洼、排水不良、植株过密、氮肥施用量过多、虫害严重、伤口多时发病严重。

防治措施：认真执行"预防为主，综合防治"的植保方针，抓好农业、生态和化学等综合防治措施。

①实行轮作，避免与番茄、茄子等蔬菜作物连作，对土壤要深翻改土，结合深翻，土壤喷施免深耕调理剂，增施生物菌有机肥料、磷钾肥和中微量元素肥料，适量施用氮肥，改善土壤结构，提高保肥保水性能，促进根系发达，植株健壮。

②选用抗病品种，种子严格消毒，培育无菌壮苗；定植前 7 天和当天，分别细致喷洒两次杀菌保护剂，做到净苗入室，减少病害发生。

③设施栽培栽植前实行高温闷室，铲除室内残留病菌，栽植以后，严格实行封闭型管理，防止外来病菌侵入和互相传播

病害。

④结合根外追肥和防治其他病虫害，每10～15天喷施一次600～1 000倍天达2116，连续喷洒4～6次，提高辣（甜）椒植株自身的适应性和抗逆性，提高光合效率，促进植株健壮。

⑤设施栽培需增施二氧化碳气肥，搞好肥水管理，调控好植株营养生长与生殖生长的关系，促进植株健壮长势，提高营养水平，增强抗病能力。

⑥全面覆盖地膜，加强通气，调节好棚内的温度与空气相对湿度，使温度白天维持在25～30℃，夜晚维持在14～18℃，空气相对湿度控制在70%以下，以利于辣（甜）椒正常的生长发育，达到防治病害的目的。

⑦注意观察，发现少量病果，立即摘除深埋，铲除病源。

⑧化学防治上，定植前结合翻耕，全面细致喷洒600倍2.5%诺氟沙星或2 000倍土霉素，搞好土壤消毒，杀灭土壤中残留病菌。定植后，每15～20天喷洒一次1∶1∶200倍等量式波尔多液，进行保护，防止发病（注意！不要喷洒开放的花蕾和生长点）。每两次波尔多液之间，喷1次2 000倍土霉素（或2 000倍庆大霉素，或2 000倍小诺霉素等）＋3 000～6 000倍有机硅＋600倍瓜茄果专用型天达2116。

⑨要着重抓好虫害防治，减少伤口发生。如果已经开始发病，化学用药同疮痂病。

17. 怎样识别与防治辣（甜）椒菌核病？

菌核病在辣（甜）椒的整个生育期都可发生。主要为害茎、叶、叶柄、花、果和果柄。田间症状表现为：苗期染病茎基部初成水渍状褐色斑，后变棕褐色，迅速绕茎一周，空气湿度大时长出白色棉絮状菌丝或软腐，但是不产生臭味，干燥后呈白色，病苗立枯死亡，严重时地面生成鼠粪状胶块。

成株发病主要发生在距离地面5～22厘米、茎基部或茎分叉处，病斑绕茎一周后向上下扩展，湿度大时，病部表面生有白色棉絮状菌丝体，随后茎部皮层霉烂，髓部解体成碎屑，病部表面形成黑色鼠粪状菌核即胶块，个别病斑出现 4～13 厘米灰褐色轮纹大斑。花叶果柄染病亦呈水渍状软腐致叶片脱落。

果实染病，果面先变褐色，呈水渍状腐烂，逐渐向全果扩展，有的先从脐部开始向果蒂扩展到整个果，表面长出白色菌丝体，同时形成不规则鼠粪状菌核。

菌核病为子囊菌亚门真菌核盘菌侵染引起。菌核呈鼠粪状或圆柱形状，有时还有不规则形，菌块内部灰白，外部黑色。该菌发育温度为 20℃，最高温度为 30℃，最低温度为 0℃，此菌在干燥土壤中可存活 3 年以上，潮湿土壤只存活 1 年。

发病条件：喜温暖高湿，最适宜发病温度为 20～25℃，相对湿度 85%。湿度低于 70% 时病菌明显受抑，最适感病生育期为苗后期到开花坐果期，发病潜育期 5～8 天。

防治措施：

①合理轮作，与禾本科作物轮作，防治重茬种植。

②土壤消毒，用 50% 多菌灵可湿性粉剂或 40% 五氯硝基苯，每平方米 10 克，拌细土 1 000 克，撒在土表或耙入土中，然后播种。也可以每平方米用 20～30 毫克 40% 福尔马林，加水 2.5～3 升，均匀喷洒于地面，用潮湿的草帘子或薄膜覆盖，闷 2～3 天以充分杀灭病菌，然后揭开覆盖物，晾 15～20 天待药气散发后，再进行播种或定植。

③及时深翻土壤，消除杂草，覆盖地膜，防治菌核萌发及子囊出土，对已出土的子囊盘要及时铲除，集中销毁，严防蔓延。

④药剂拌种或者热水烫种，用 50% 多菌灵可湿性粉剂（种子重量的 0.4%～0.5%），或者 50% 扑海因可湿性粉剂，或 60% 防霉宝超粉剂，与种子拌混均匀，使药粉均匀附在种子表面后播种。

热水烫种：将种子用 52℃ 热水烫种 30 分钟，把病菌烫死，逐渐降温到 28℃ 后进行泡种催芽。

⑤加强田间管理，注意行间通风透光，降低田间小气候湿度。

设施栽培，需合理控制设施内温度、湿度，及时放风，降温、排湿，防止夜间棚内湿度迅速升高或结露时间过长。注意控制水分，浇水要在清晨进行。

⑥药剂防治：发现病株及时拔出销毁，同时跟进药剂。发病初期喷洒 50%凯泽水分散剂 1 000 倍液（或 50%多菌灵可湿性粉剂 500 倍液，或 70%托布津可湿性粉剂 800 倍液，或 40%菌核灵 1 000 倍液，或 50%速克灵可湿性粉剂 800 倍液）＋600 倍天达 2116＋3 000 倍有机硅混合液，每 7 天左右喷 1 次，连续喷 2～3 次。

18. 怎样识别与防治辣（甜）椒叶枯病？

辣（甜）椒叶枯病又称灰斑病，苗期至成株都可发病，主要为害叶片，其他部分症状表现不明显。

叶片发病初呈散生的褐色小点，迅速扩大后呈圆形或不规则形病斑，中间灰白色，边缘暗褐色，病斑中间坏死处常脱落穿孔（此症状是叶枯病和叶霉病区分的标志），病叶易脱落。该病一般由下部向上扩展，病斑越大，落叶越严重。严重时整枝叶片脱光成秃枝。

辣（甜）椒叶枯病是由半知菌亚门茄匐柄菌真菌侵染引起。分生孢子及分生孢子梗均为褐色，梗有隔，顶端略膨大，单生或丛生。此菌以菌丝体或分生孢子随病残体遗落在土壤中或者附着在种子上越冬，以分生孢子借气流传播进行初侵染和再侵染。高温高湿、通风不良、偏施氮肥、植株前期生长过旺、田间积水都有利于该病害的发生。

防治措施：

①实行轮作，不要与茄科薯类连作，选择与玉米、花生、豆

类、十字花科等作物，实行2年以上轮作。

②育苗时，用药剂处理育苗基质，清除病残体，施用腐熟的有机肥配制营养土，加强苗床管理，严控苗床的温湿度，注意放风、调温，培养壮苗。

③种子处理：用4 000倍99%噁霉灵（或50%苯菌灵可湿性粉剂1 000倍液，或50%福美双可湿性粉剂600倍液）＋300倍天达2116浸拌种专用型混合液，浸种30分钟再用清水浸种8小时后催芽或直播。

④设施栽培定植前要高温闷棚，定植前要细致旋耕平整土地，整高垄畦栽培。栽植后严格实行封闭型管理，防止外来病菌侵入和互相传播病害。加强棚内管理，及时中耕松土、追肥，门椒坐果后，小水勤浇，避免大水漫灌，防止积水；灌水后及时通风排湿；棚内不要设置蓄水池，如果已经设置要用薄膜覆盖，防止池内水分蒸发，增加空气湿度；发现病叶及时清除深埋或烧毁。

⑤药剂防治：发病初期用10%苯醚甲环唑2 000倍液（或50%苯菌灵可湿性粉剂1 000倍液，或75%百菌清可湿性粉剂600～800倍液，或70%甲基托布津可湿性粉剂600倍液，或80%大生800倍液，或25%嘧菌酯悬浮剂1 500倍液）＋600倍天达2116＋3 000倍有机硅混合液喷洒，每7天左右1次，连续2～3次，消灭之。

19. 辣（甜）椒细菌性叶斑病有什么症状？怎样防治？

细菌性叶斑病在田间多点片发生，主要为害叶片。成株叶片发病，初呈黄绿色不规则水渍状小斑点，扩大后变为红褐色至铁锈色，病斑膜质透明不穿孔，大小不等。病斑干燥时多呈红褐色。一旦发生，发展迅速，一株上个别叶片发病或者多数叶片发病，植株仍然生长，严重时叶片大部分脱落。细菌性叶斑病病健交界处明显，但是不隆起，这是区别于辣（甜）椒疮痂病的明显特征。

该病是由丁香假单胞杆菌属细菌侵染引起，病菌主要在种子及病残体上越冬，借助风雨或灌溉传播，从伤口处侵入。病菌生长发育适温为 25～28℃，空气相对湿度 85％。栽培过程中若遇高温高湿易导致此病的发生，造成大量落花落果，对产量影响很大，其为害程度不亚于辣（甜）椒炭疽病。

防治措施：

①实行合理轮作，与非茄科作物实行 2～3 年轮作，前茬作物收获后及时彻底地清除病残体，结合深耕晒垡，施足基肥，增施生物菌有机肥，促使病菌残留体腐解，加速病菌死亡。

②种子消毒：选用无病优良品种；播前用种子重量 0.3％的土霉素原粉，或 0.3％的 50％敌可松可湿性粉剂拌种可有效防止辣（甜）椒细菌性叶斑病的发生。

③设施栽培定植前要高温闷棚，定植前要细致旋耕平整土地，整高垄畦栽培。栽植后加强棚内管理，及时中耕松土、追肥，门椒坐果后，小水勤浇，避免大水漫灌，防止积水；灌水后及时通风排湿；棚内不要设置蓄水池，如果已经设置要用薄膜覆盖，防止池内水分蒸发，增加空气湿度；发现病叶及时清除深埋或烧毁。

④药剂防治：发病初期，喷土霉素 2 000 倍液（或庆大霉素 2 000 倍液，或 2.5％诺氟沙星 600 倍液，或新植霉素 2 000 倍液）＋600 倍天达 2116＋3 000 倍有机硅混合液，每天 1 次，连续 3～4 次，可有效防治。

20. 怎样识别与防治辣（甜）椒病毒病?

辣（甜）椒病毒病除为害辣（甜）椒外，还为害番茄、白菜、黄瓜等蔬菜，露地栽培辣（甜）椒发生十分普遍，温室栽培发生比较轻。

辣（甜）椒病毒病主要有 3 种类型。

一种是花叶坏死型，病叶呈现明显的浓绿与浅绿或黄绿相间的花叶、叶片皱缩等症状，部分品种叶片出现坏死斑，并引起落叶、落花、落果，严重时整株死亡。

第二种为叶片畸形和丛簇形，发病期间叶片退绿，出现斑驳、花叶、叶片皱缩，凸凹不平，变小、变窄，呈线状，茎节间缩短，有时叶片丛生、呈簇状，植株矮化，果实显深绿与浅绿色相间的花斑，果小，变畸形，易落花、落果、落叶。

第三种为条斑型，叶片主脉呈褐色或黑色坏死，沿叶柄扩展到侧枝，主茎及生长点，出现系统坏死条斑，表现落花、落果、落叶，严重时整株死亡。

辣（甜）椒病毒病是由病毒侵染所致。病毒主要有 3 种，黄瓜花叶病毒、烟草花叶病毒和马铃薯 Y 病毒。黄瓜花叶病毒寄主广泛，可为害多种蔬菜、杂草和农作物，病毒在多年生宿根杂草和保护地蔬菜上越冬，翌年由蚜虫传播。烟草花叶病毒在土壤里的病组织碎块上和种子上越冬，病毒经汁液接触传播侵染，如辣（甜）椒分苗、定植、整枝时与病株汁液接触感病。

病毒病发生规律：高温干旱有利于病毒的增殖、蚜虫繁殖和迁飞传播病毒，重茬地、缺水、缺肥、管理粗放、植株衰弱等发病较重。

防治措施：

①选用抗病品种，近年来培育的一些高抗辣（甜）椒病毒病新品种，如农大系列、农发系列、津椒系列和迅驰、芭莱姆、凯莱等外来品种，均抗辣（甜）椒烟草花叶病毒病，同时耐黄瓜花叶病毒。

②种子消毒：把种子充分晒干，使其含水量降至 8％以下，后置于恒温箱内，在 72℃条件下处理 72 小时，可杀死种子所带病毒；药品消毒法可用 10％磷酸三钠水溶液，浸泡 10 分钟，捞出冲洗干净即可进行浸种催芽。

③药剂防治：注意消灭蚜虫的同时，可用 2 000 倍天达裕丰（或 1 500～2 000 倍盛之丰）＋600 倍天达 2116，或 83 增抗剂 100 倍液在定植前后各喷 1 次，或 AV‐2 病毒钝化剂 500 倍液，每 10～15 天 1 次，连喷 3～5 次；也可用 1：4：600 倍铜皂液每 10～15 天 1 次，连喷 3～4 次，可基本抑制病毒病的发生与蔓延。如果已经感病，可用 2 000 倍利巴韦林注射液＋4 000 倍有机硅＋200 倍红糖水＋300 倍硫酸锌＋400 倍葡萄糖酸钙混合液喷洒病株，连续 3～4 天，每天 1 次，可治愈。

21. 辣（甜）椒经常发生落花、落叶现象，是什么原因造成的？怎样预防？

辣（甜）椒对土壤、水分、空气、温度适应性较差，气温急剧变化、空气中有害气体积累、湿度过大、药害、土壤干旱、水涝、枝叶郁闭、透光不良等因素都能使叶片变黄或变浅褐色，叶柄生成离层而落叶。

辣（甜）椒落花，是环境与营养条件不良引起的，例如高温干燥，特别是高夜温、通风不良、弱光，都会引起花器发育不良而落花；营养生长与生殖生长失调，营养生长过于旺盛，养分竞争激烈，或营养生长过弱，有机营养生产不足都会引起落花；此外，凡能引起落叶的各种因子亦可使花柄形成离层而落花。

防止辣（甜）椒落叶、落花现象发生，主要从 3 个方面入手。

一是改善田间小气候的环境条件，增强光照，降低湿度，避免出现不良的环境条件。

二是科学地供给肥水，施用二氧化碳气肥，喷施天达 2116、植物基因活化剂等，促进植株健壮，提高植株自身的适应性能。

三是调控、平衡植株营养生长与生殖生长的关系，及时疏枝、疏花，适量留花留果，维持良好的风光条件和健壮的生长势。

22. 辣（甜）椒发生茎叶卷缩和畸形果现象是什么原因造成的？怎样预防？

气温变化剧烈、空气湿度大、根系发育不良、地上与地下部生长发育不协调易出现顶尖果；低温、少肥、营养水平低的条件下花器发育不健全，不能正常受精，易形成小僵硬果。小型果和小僵果多为单性结实，果内几乎没有种子。

温室大棚内温度过低、过高，放风过急引起室内气温变化激烈，或冷空气直吹茎叶，都会引起茎叶卷缩，植株矮小。严重"闪苗"者叶片退色、失绿，甚至于死亡。

预防茎叶卷缩和畸形果现象发生的方法同预防落花、落叶现象发生方法。

23. 什么是日烧病？怎样预防辣（甜）椒日烧病发生？

果实被强阳光直射，其向阳面形成淡黄色日烧斑块，变硬变薄，易破裂，此现象称之为日烧病。被日烧病为害的辣（甜）椒果后期易感染腐生菌，病斑上生霉状物或腐烂。

辣（甜）椒日烧病属于生理病害，引起此病的主要原因是高温期叶片遮阳少，太阳直射果实上，使果皮细胞灼伤，在定植密度过小、天气干热、土壤缺水等条件下，辣（甜）椒植株矮小，叶片稀疏，地面遮阳面积小，都有利于日烧病的发生。

防治措施：

①合理密植，定植时采用一穴双株，或每亩单株保持3 500～5 000株，在高温到来之前植株遮阳面积基本覆严地面，可减轻此病的发生。

②辣（甜）椒与玉米、豇豆、菜豆等高秆作物间作，可以减少太阳光直射，改变田间小气候条件，避免日烧病发生，并能减少病毒病为害。

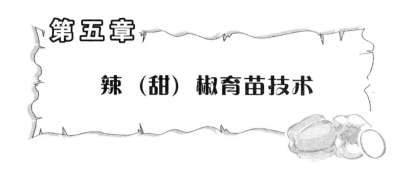

第五章

辣（甜）椒育苗技术

1. 辣（甜）椒育苗需要什么样的环境条件？什么样的辣（甜）椒幼苗是壮苗？

辣（甜）椒育苗时必须满足以下生育条件，才有可能培育出壮苗。

（1）选择育苗地 育苗地必须选择地势平坦高燥、排水顺畅，大雨之后无积水，有灌溉条件的地块。

（2）营养基质 育苗用的营养基质需肥沃、疏松透气，土壤水气比例合理，各种肥料元素含量及溶液浓度适宜。具体操作时可用2～3份充分发酵腐熟的优质动物粪便，掺加7～8份肥沃壤土，再用100倍腐熟牛奶＋6 000倍99％噁霉灵＋2 000倍2％阿维菌素＋1 000倍天达2116壮苗灵细致喷洒，掺混均匀，做到基质肥沃、营养齐全、无病菌害虫为害。

（3）苗床灌溉 应改变传统的喷灌或漫灌方法，改为在苗床底部设置灌水层或水管，实行底部渗灌，利用基质的毛管作用吸水，使土壤湿润，维持土壤水气比例合理。

（4）光照充足 光照足时光合效能高，有机营养供给足，植株健壮，不徒长，叶片肥厚，叶色绿而明亮，雌花芽分化数量多，质量好。光照弱时，光合效能低，有机营养供应差，幼苗表现茎细，叶薄，叶色黄，花芽分化质量差，雌花数量少。

（5）温度及昼夜温差适宜 一般白天维持25～28℃，夜晚

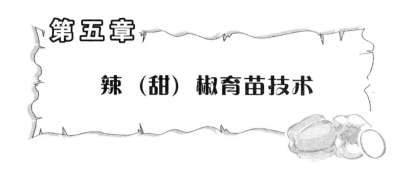

61

维持 15～18℃，增大温差，减少呼吸消耗，在此基础上再配合根外喷洒 800 倍天达 2116 壮苗灵＋150 倍红糖水混合液或其他叶面肥，才能培育出雌花芽分化良好的健壮幼苗。

从外部形态来看，壮苗的根色为白色，主根粗壮，须根多，茎短粗。9～12 片真叶的幼苗，从子叶部位到茎基部约 2 厘米，整个株高 18～25 厘米，子叶部位茎粗 0.3～0.4 厘米，8～10 片真叶展开，茎表绿色，有韧性，子叶保留绿色，叶片大而肥厚，颜色浓绿，叶柄长度适中，茎叶及根系无病虫害，无病斑，无伤痕。早熟品种可看到生点部位分化的细小绿色花芽。

徒长苗的根须少，茎细长柔弱，子叶脱落早，叶片大而薄，颜色淡绿，叶柄较长；老化苗根系老化，新根少而短，颜色暗，茎细而硬，株矮节短，叶片小而厚，颜色深，暗绿，硬脆，无韧性。

2. 辣（甜）椒育苗移栽有什么好处？

①育苗能为辣（甜）椒生长增加生育积温，在适宜的栽培条件下，辣（甜）椒的生长发育几乎与生育积温的增加同步发展，增加生育积温，提早并延长生育期，产品早上市，产量高，能获取较高的经济效益。

②在低温严寒季节利用保护设备，可以人为控制幼苗生长所需的环境条件，培育出壮苗。

③育苗可使幼苗集中在小面积苗床上生长，不但便于管理，利于抗灾减灾，而且缩短了生产田的占地时间。能缓解季节茬口矛盾，提高土地利用率。

④移栽的辣（甜）椒苗整齐，便于田间管理。

⑤目前生产上正广泛推广辣（甜）椒的杂交一代种子，由于其制种技术复杂，种子价格高，育苗可节省种子，降低成本。

3. 严冬季节怎样建造电热加温苗床？

电热加温苗床应在温室内或大棚内建造，苗床宽 1～1.2 米、长 10～12 米、深 12 厘米左右，底部平铺塑料泡沫板，板上平铺 1 层塑料薄膜，以防止苗床热量下传，节约用电量。薄膜上先铺设 1 层厚度达 3 厘米左右的粗沙砾或小石子，其上面铺设营养基质，基质厚度 8～10 厘米。电加热线铺设于基质表面下 1～2 厘米深处，这样种子所处部位增温快、温度高，利于快速出苗和幼苗发育（铺设方法参阅说明书）。苗床内插设温度计，插入基质深度 2 厘米左右处，以便观察苗床温度。

电热加温苗床一般只在出苗之前或遇到寒冷天气时通电加温，提高基质温度，以利快速出苗，出苗后只要基质温度不低于 16℃，一般不需通电。

如果采用营养钵育苗，可在薄膜上铺设厚度 3 厘米左右的粗沙砾，沙砾内铺设电加热线，上面排放营养钵。

苗床浇水不要喷灌和漫灌，喷灌和漫灌都会板结土壤，降低土壤中的氧气含量，不利于根系发育；且提高苗床湿度，诱发病害，不利于培育壮苗。浇水可在沙砾层内灌水，利用土壤的毛细管吸水作用湿润土壤，土壤内的水与空气比例恰到好处，处于最适宜状态，根系发育良好；且土壤表层多处于半干燥状态，苗床空气湿度低，病害难以发生，利于培育壮苗。

4. 在温暖季节培育辣（甜）椒苗应怎样建造育苗床？

（1）苗床设计　生产上多采取长 10 米、宽 1.33 米的标准苗床，栽一亩辣（甜）椒需要两个苗床。苗床的排列为东西方向，苗床间的横向间距 2.5 尺①，纵向间距 1 米，每隔两列留 5 尺宽的架子车道。

（2）苗床制作　做苗床时，首先按照苗床规格和田间设计，划好苗床底线，把底线作为畦垄中线进行培垄。然后，先将畦内疏松的表土挖出放在一边，再从畦内挖出底土培垄，畦垄要踩实整光。

---

① 尺为非法定计量单位，1 尺≈0.33 米。——编者注

畦垄做好之后，将挖出的表土再均匀地放回畦内，后整平床面。

5. 辣（甜）椒育苗怎样配制营养基质？

营养基质又称营养土，配制时应选用没种过辣（甜）椒（葱蒜茬为好）的大田肥沃壤土或沙壤土 7～8 份、充分腐熟的优质粪肥 2～3 份、磷酸二铵 0.05%，前二者过筛后与磷酸二铵掺混均匀。结合掺混，均匀喷洒 4 000 倍 99% 噁霉灵＋2 000 倍 2% 阿维菌素药液，杀死土壤内病菌与害虫。后填入营养钵内或苗床中，土层厚 8～10 厘米。注意：辣（甜）椒幼苗期间对各种营养元素的消耗量非常少，仅占全生育期需肥量的 0.5% 左右，因此配制营养土（基质）时除磷酸二铵外，不要掺加其他速效化肥，掺了速效化肥特别是掺加尿素等氮肥，反而会因掺混不均匀引起烧苗现象发生，造成幼苗生长不整齐和死苗现象发生。

6. 辣（甜）椒育苗应怎样进行种子处理？

种子需要进行如下处理：

(1) 晒种 每亩需种子 20～30 克，播种前晒种 1～2 天。

(2) 浸种与消毒 温汤浸种，是简便易行的浸种消毒法。能杀死附在种子表面和部分潜伏在种子内部的病菌。具体做法是：将种子装在纱网袋中（只装半袋，以便搅动种子），首先将种子袋放在常温水中搓洗 5～15 分钟，去除种皮表面污物，后转入 50～60℃ 的热水中，水量为种子量的 5～6 倍。为使种子受热均匀，要不断搅动，并及时补充热水，使水温维持在所需温度范围内达 20～25 分钟。然后，让水温逐渐下降至 30℃，继续浸泡 8～10 小时。

注意！温汤浸种过程中，水温和时间必须严格掌握，才能达到杀死病菌，又不致伤害种子的目的。处理时要用温度表一直插在所用的热水中测定水温，以便随时按要求调节。加入热水时切记不要直接冲在种子上，以避免烫伤种子。

（3）催芽　用开水烫过的干净白布沾净种皮表面水分，把辣（甜）椒种子置于 25～28℃ 的温度条件下催芽，部分种子露胚根时，再置于 0～2℃ 条件下处理 6～8 小时，后用井水浸泡 10～20 分钟，取出甩净水分继续催芽，大部分种子发芽时播种。注意催芽过程中每 10～12 小时需用 30℃ 左右的清水浸泡 20～30 分钟补充水分，后甩净水分继续催芽。

7. 没有恒温箱时，用什么方法可以保障在 30℃ 左右的条件下催芽？

可自制简易恒温箱进行催芽。找一个 30 厘米×30 厘米×50 厘米的纸箱（可根据种子数量调整纸箱大小），去掉顶部底面，制成一个封闭严密的敞口高纸盒，后在离纸盒顶部开口处 10 厘米左右高处，同高度水平方向穿入 3 根铁丝，铁丝间距 10 厘米左右，拉紧固定，上面平放一块略小于纸箱横截面的纸板或三合板，板上密密地扎上直径 1 厘米左右的孔洞，洞距 2 厘米左右，纸板上平铺洁净湿棉布，纸板下面正中位置吊一枚 30 瓦左右的灯泡。箱口以被子封严。

催芽之前需先调节温度，使之稳定在 28～30℃ 之间，温度高于 30℃ 时，可改换小号灯泡，或改被子覆盖为毛巾被等薄物覆盖，若温度低于 28℃，可增加灯泡的功率，或增加覆盖厚度。仔细观察 1～2 小时，待温度确实稳定在 28～30℃，不再变动时，方可放入种子，催芽。

种子需薄薄地平摊于箱内纸板上面的湿布上，再以洁净湿布覆盖。催芽过程中，每天需用 28～30℃ 的清水冲洗种子 1～2 次，洗后用洁净湿布沾净种皮表面水分，继续催芽。只要注意调整好温度，此方法催芽，种子发芽速度快，发芽整齐。

8. 没有冰箱时，用什么方法冷冻处理种子？

可自制冷冻盒进行处理，选一个 20 厘米×15 厘米×30 厘米左右大小的纸盒，盒底先平铺一层棉花，上铺一层用塑料薄膜包裹严密不漏水的冰块（也可以用冰棍代替），冰块要铺放平整，在包裹冰层的塑料薄膜上面铺一层洁净湿棉布片，布片上摊放种子，再盖上湿棉布片，布片上面再用棉花盖严。这样可使催芽种子的温度稳定在-0.5～0℃条件下进行冷冻。冷冻最好进行2次，每次时间5～6小时，经冷冻后的种子要先放入井水中（水温15℃左右）回暖15分钟后，方可继续催芽。待大部分种子发芽后播种。

9. 辣（甜）椒播入苗床后应该怎样进行苗床管理？

种子播种后，要立即盖地膜，扣拱棚膜，并注意搞好以下工作：

（1）温度控制 辣（甜）椒出苗前，苗床温度保持在28～30℃，高于30℃要遮阳降温，低于16℃可加盖草苫保温。出苗后，白天温度保持在25～27℃，晚上温度保持在16～20℃。分苗前5～7天降温炼苗，白天温度保持在20～25℃，晚上温度保持在12～16℃。分苗初期，白天温度保持在25～29℃，晚上温度保持在12～18℃。定植前5～7天降温炼苗，白天温度保持在20～25℃，晚上温度保持在10～16℃。

（2）水分管理 苗期一般不用浇水，如土壤干旱，可在清晨渗灌。幼苗出齐至两片真叶时，可结合除草进行间苗，拔除细、弱、密、病的苗，苗距保持在2～3厘米。

待幼苗长出3～4片真叶时，应及时分苗。分苗床应建在日光温室内，分苗畦要求与育苗床相同。分苗时株行距为10厘米×10厘米，每穴放单苗或双苗。放双苗时，两苗的间距为2厘米。分苗后立即浇水、覆土，并覆盖塑料薄膜保温。

定植前7～10天将苗床浇透水，待水渗透后，用长刀在秧苗的株行间切块，入土深5～6厘米，使秧苗在土块中间。切块后不再浇水（如土壤过干，可覆细土），使土块变硬，以利定植时带土坨起苗。

（3）病虫害防治 苗期要勤观察，及时了解苗情及病虫害情况，做到预防为主，尽早防治。视苗情喷 1～2 次叶面肥、微肥及杀虫、杀菌、杀病毒等混合药液。每 10 天左右喷洒 1 次 4 000 倍 99％天达噁霉灵（或 1 000 倍裕丰 18）＋400 倍硝酸钾＋800 倍天达 2116 壮苗灵＋150 倍红糖水混合液，预防病害发生，促进花芽分化、幼苗生长发育，缩短育苗时间。

10. 辣（甜）椒幼苗生长发育期间为什么需要喷洒天达 2116 壮苗灵＋150 倍红糖水混合液？

辣（甜）椒幼苗生长至 1～2 片真叶时开始分化花芽，此时期种子贮备营养已经消耗殆尽，而幼苗又要发根、长秧，还要分化花芽，营养竞争激烈。由于幼苗自身的叶片少、叶面积小，光合产量有限，满足不了植株生长发育、花芽分化的需求，所以幼苗生长缓慢，花芽分化质量差。实践证明辣（甜）椒幼苗生长至 1～2 片真叶时结合防病用药喷洒 600～1 000 倍天达 2116 壮苗灵＋150 倍红糖水混合液，可直接补充营养，促进扎根，提高组织活性，增强光合作用，加速幼苗生长，缩短成苗时间，促进花芽分化，提高花芽质量，利于培育壮苗。

11. 怎样判别辣（甜）椒幼苗生长是否正常、健壮？

辣（甜）椒幼苗出土后两片子叶成 75°展开，后逐渐接近水平，子叶肥厚、明亮且大，边缘稍向上翘，略呈匙形，下胚轴粗短，是壮苗形象。如果下胚轴细长，子叶薄而大，是光照偏弱、夜温偏高所致，应适当降低夜温，清擦薄膜改善光照条件。子叶出土后，小而色较黄、迟迟不转绿，是光照弱、温度低造成的，应提高温度，改善光照条件。如果子叶先端下垂、小而平，是温度低且低温时间过长引起，应尽快提高温度，特别是提高上半夜温度至 16～18℃；如果子叶不发达、下垂、色深，是土壤缺水、土壤溶液浓度偏高引起；如果子叶叶脉和边缘抽缩，先端变黄色是严重缺水所致，应马上进行灌溉。子叶边缘上卷，并发白色，是放风过急、土壤溶液浓度过高，或氨气及其他有害气体危害引起，应适当灌溉降低土壤溶液浓度，注意小口放风，并逐渐加大通风量。

如果幼苗节间长、茎蔓高，叶片大而薄，叶色淡，叶缘缺刻浅，叶柄细长与茎的夹角小于45°，早晨有吐水现象，是光照弱，水分供应过足所致，应适当控水，改善光照条件；并适当降低夜温，增大昼夜温差。

如果植株瘦小，叶色深，生长点浓绿，其色深于下部叶片，有时基部叶片发生干边现象，是土壤溶液浓度过高引起的肥害，应加大浇水量，降低土壤溶液浓度，并要及时喷洒天达2116壮苗灵＋150倍红糖水＋1 000倍裕丰18，提高植株抗逆性能，预防病害发生。

12. 辣（甜）椒幼苗子叶边缘上卷、干边的原因是什么？

这是苗床温度过高时猛然开大口通风，造成苗床急剧降温、降湿引起"闪苗"造成的。注意苗床（包括大棚、温室等其他设施）通风时，都必须先开小口，慢慢加大风口，否则猛然开大口通风，苗床急剧降温、降湿，幼苗生态环境发生急剧变化，轻者引起"闪苗"，重者还会造成幼苗叶片急剧脱水干枯死亡。

13. 辣（甜）椒秧苗叶片边缘出现"金边"的原因是什么？

辣（甜）椒秧苗叶片边缘出现"金边"多是因为土壤溶液浓度过高、渗透压过大、根系吸水困难引起的。造成土壤溶液浓度高的原因：一是盐碱地，土壤含盐量高；二是施肥超量，特别是速效化学肥料一次性施用量偏多。此外喷洒农药时药液浓度过高也会造成叶片干边现象发生，但是二者区别明显，前者叶片发生的干边周边边缘全是比较狭窄且宽窄均匀、呈黄白色的干边，俗称"镶金边"。后者多在叶片尖端或相对高度较低的边缘发生，干边颜色呈黄褐色，较宽且不均匀，有时叶片内膛伴有大小不均的黄褐色干斑。

14. 冬季辣（甜）椒苗如何防冻？

冬季辣（甜）椒育苗期间，往往会突然受到寒流的袭击，温度骤然降低，秧苗容易发生冻害。如果温度是缓慢降低，则秧苗不易结冰受冻；有时温度虽然不是太低，但低温持续时间很长，特别是低温与阴雨相伴随，秧苗也很容易发生冻害。

秧苗受冻害的轻重，还与低温过后气温回升的快慢有关。若气温缓慢回升，秧苗解冻也慢，易恢复生命活力；如果升温和解冻太快，秧苗组织易脱水干枯，造成死苗。辣（甜）椒苗防冻措施如下：

改进育苗方法，利用人工控温方法育苗，如电热温床、温室内育苗和工厂化育苗等，是解决秧苗受冻问题的根本措施。

避免秧苗徒长，增强幼苗抗寒力，每天早揭覆盖物，让幼苗多照光和接受锻炼。在雨雪低温期间，白天也要揭掉草帘，让辣（甜）椒苗照到散射光。雨雪停后猛然转晴时，中午前后在苗床上覆盖遮阳网或盖几块草帘适当遮阳，避免秧苗失水萎蔫。再者苗床土湿度大，秧苗易受冻害，所以寒潮来临前要控制苗床浇水，床土过湿的可撒一层干草木灰吸湿。

合理增施生物菌肥、磷钾肥和中微量元素肥，两片真叶后喷施 150 倍红糖水＋300 倍硝酸钾＋400 倍硫酸镁＋800 倍天达2116 壮苗灵＋1 000 倍裕丰 18＋400 倍葡萄糖酸钙混合液，每 10 天左右 1 次，连续 2～3 次，可显著增强秧苗抗寒力。

寒潮期间严密覆盖苗床，夜晚增盖草帘，并保持草帘尽量干燥。通风换气时，要防止冷风直接吹入床内伤苗，并尽量缩短通风时间。下雪天雪停后，及时将雪清除出育苗场地。

15. 苗期管理应注意什么问题？

（1）秧苗徒长 尤其在两片子叶平展到真叶破心期间是最容易徒长的时期，此期一定要严格控温控水。

（2）苗期病害 温度不能过高，土壤湿度和空气湿度不能过大，否则，猝倒病、立枯病极易发生，同时也要预防灰霉病、菌核病和根肿病。防治措施：幼苗75％出土后，及时喷施1 000倍裕丰18（或4 000倍99％噁霉灵）＋800倍天达2116＋150倍红糖水混合液，提高幼苗抗逆性能，杀菌防病；以后每次变天之前喷一次。并适时通风换气，防止苗床湿度、温度过高诱发病害。

（3）虫害 苗床内发生蛴螬、蝼蛄等地下害虫，造成为害，引起死苗。防治措施：用1 500倍48％毒死蜱液浇灌苗床土面防治，或用50％辛硫磷乳油50倍液拌碾碎炒香的豆饼、麦麸等，制成毒饵，撒于苗床土面，诱杀蝼蛄。

（4）风干死苗 未经通风锻炼的秧苗，长期处在湿度较大的环境条件下，通风时，冷空气直接对流，以及覆盖物被大风吹开，床内空气温度、湿度骤然下降，造成柔嫩的叶片失水过多，引起萎蔫，如果萎蔫过久，叶片不能复原，最后变绿色干枯。防治措施：苗床通风时，要在避风的一侧开通风口，通风量应由小到大，使秧苗有一个适应过程，大风天气，注意把覆盖物压严，防止被风吹开。

16. 辣（甜）椒长柱花和短柱花是怎样产生的？对产量有哪些影响？

开花后雌蕊柱头低于雄蕊的花药，甚至被花药覆盖起来，称为短柱花。反之，则称为长柱花。辣（甜）椒长柱花和短柱花的产生原因，主要与环境条件、秧苗营养水平有关。在良好的栽培环境条件、科学的栽培技术和秧苗营养水平高时多为长柱花。如在不良的环境条件下或栽培技术不当，气温过高过低，昼夜温差太大，土壤干旱，有机营养不足，氮、磷、钾比例失调，光照弱等，均可导致花芽发育不良，花朵小，花梗细，颜色淡，花柱短。

长柱花的花柱高出花药，花大，色浓，为健全花，能正常授粉，有结果能力。短柱花为不健全花，一般不能正常结果，造成减产。

栽培时除加强肥水管理外，要注意育苗期通过控制温度和光照、喷施天达壮苗灵＋150 倍红糖水混合液，提高有机营养水平，培育壮苗，改善花芽分化条件来减少短柱花的产生。播种后、出苗前温度要达到 $25\sim30℃$，当出苗 80％时开始降温，白天温度为$18\sim22℃$，夜间温度为 $12\sim15℃$，经 10 天左右可适当提温，白天在 25℃左右，夜间在 15℃左右，直到移植。移植后，为了促进缓苗，白天在 $25\sim30℃$，夜间在 $16\sim20℃$。缓苗后，白天降至 $22\sim25℃$，夜间在 $12\sim18℃$，使幼苗健壮。定植前7～10 天进行低温炼苗，白天在 20℃左右，夜间 15℃左右，并逐步降到10～12℃。冬季育苗时，还应使地温尽量维持在 18℃以上，昼夜温差不得小于 10℃。另外，育苗期间，覆盖物应早揭晚盖，延长光照时间，加强光照度，促苗健壮。

17. 什么是无土育苗？怎样进行辣（甜）椒无土育苗？

无土育苗又称营养液育苗。是用基质和营养液代替床土的育苗方法。优点如下：

①秧苗生长迅速、旺盛、整齐一致，根系发达，可以缩短育苗时间 5～10 天。

②省工，可以省去配制营养土的繁重劳动。

③减轻和避免土传病害，克服了土壤连作弊病。

④育苗程序标准化，适合大规模育苗和工厂化育苗、立体育苗。

⑤由于重量轻，容易运输，有利于育苗的商品化生产。

以下是基质和营养液的配制方法。

（1）基质的选择及处理　基质是固定植物根系，并能创造良好的养分、水分、氧气供应状况的物质。应选择通气性良好、保水性强，同时不含有毒物质，酸碱度中性或微酸性的材料作基质。可作为基质的材料有珍珠岩、蛭石、草炭土、炉灰渣、沙子、炭化的稻壳、炭化的玉米芯、发酵的锯末、甘蔗渣、食用的菌类废料等。这些基质可单独使用，也可混合使用。

（2）营养液的配制　配方：1 000 千克水中加入复合肥（N15：P15：K15）2 千克、硫酸钾 0.5 千克、过磷酸钙 0.8 千克、硫酸锰 3 克、硫酸锌 1 克、硼酸铵 1 克、硫酸亚铁 20 克。如果用炉灰渣、草炭土等基质，可以不用加微量元素。

（3）无土育苗的方法及管理

①种子消毒：浸种催芽同普通育苗，种子消毒要求严格，一定保证种子不带病菌。

②育苗盘育苗：为防止营养液渗漏，将基质放入育苗盘中，育苗盘的底部铺上塑料农膜，铺平后放盘、播种。

播种使用的基质要进行消毒。播种前先将育苗盘中的基质浇透，不必浇营养液，以免溶液浓度过大影响种子出苗。

播种时用同样孔数的空育苗盘放在需播种的苗盘上面，盘上放一块同样大小的模板，对准后，用力均匀向下压木板，深度约为 1 厘米。然后将种子按孔穴播入。播好后上面盖上 1 厘米左右的基质，再用塑料膜盖在育苗盘上，保持湿度，出苗后及时把薄膜掀开，防止烧苗，徒长。当大部分幼苗出来以后，移入温室架上进行培育，子叶展开后开始供应营养液，供液太晚会降低秧苗质量。每 3～4 天供液 1 次，每次供液量以全部基质湿润、底部稍有积液为宜。注意供液需在苗盘底部农膜上浇灌，通过苗盘底部排水孔渗入基质，严禁喷灌，预防秧苗上有水滴、水膜发生，诱发病害。其他温度、湿度等管理同土育苗。

第六章

露地辣（甜）椒栽培技术

1. 露地栽培辣（甜）椒应该注意哪些事项?

（1）选地 辣（甜）椒根系不发达，扎根浅，喜湿而怕涝，因此栽培辣（甜）椒应该选择地势平坦、土壤肥沃、疏松透气、有机质含量较高、大雨之后不积水、有水浇条件、保水保肥性能良好的壤土或沙壤土地。尽量避免重茬，避免与谷子、高粱、甜菜茬及其他茄科作物茬口迎茬。

（2）注意育苗和定植时的土壤、空气温度 根据辣（甜）椒生长发育对温度的需求，露地辣（甜）椒栽培时，其空气温度应稳定通过5℃，日平均温度稳定在15℃，土壤温度稳定在13℃以上方可定植，如果栽植过早，因早春气温极不稳定，一旦寒流来临，气温下降至3℃左右，辣（甜）椒幼苗就容易发生寒害，一旦降至0℃就会因冻害死苗。

（3）选择适宜品种 应根据栽培季节分别选择适宜的品种，春季栽培应选择耐低温、生长势强、抗病性能好的杂交品种；夏季栽培应选择耐高温、抗病毒病强、抗逆性能好的杂交品种；秋季栽培应选择既耐热又耐低温，抗病毒病强，高温季节易坐果的品种。

（4）预防病害 露天栽培天气多变，春天寒流频繁，夏秋高温炎热，阴雨天气多，病虫害严重，应适时喷洒3 000倍有机硅＋200倍等量式波尔多液，预防病害发生；应特别注意提高辣

（甜）椒植株的抗逆性能，注意每次用药都用天达 2116（波尔多液除外）＋200 倍硝酸钾＋100 倍发酵牛奶；每次喷药都要掺加 3 000 倍有机硅，增强农药活性、渗透性、展着性，提高喷药质量和预防效果。注意喷药应抢在降雨之前提前喷洒，保护植株，预防病菌侵染。遇连阴雨天气，应抓住降雨空隙，抢喷防病保护剂＋有机硅＋天达 2116。

（5）雨后管理 高温天气条件下，暴雨后应及时用井水灌园，提高地温，预防冷雨危害苗根。

（6）拉钢丝吊缚植株 应改支架绑缚植株为支架顶部拉钢丝吊缚植株，延长辣（甜）椒生育期，提高辣（甜）椒产量。

（7）及时打杈掐尖 定植缓苗后，门椒以下的侧枝要及时打掉，枝叶繁茂、光照恶化时应适当疏枝，霜冻来临前 30 天，掐掉辣（甜）椒生长点，促进果实及早成熟。

2. 露地栽培辣（甜）椒应怎样施肥？

辣（甜）椒产量高，喜肥而不耐肥，需肥量大。栽培辣（甜）椒的土地多是老菜田，虽然土壤养分含量较高，但是由于传统栽培习惯的原因，年年多次大量施用速效化学肥料，连续喷洒诸多种类的农药，土壤盐分含量高，农药残留等有害物质对土壤污染严重，且土壤中还存有诸多虫害和含有大量的真菌、细菌、病毒、根结线虫等致病生物。为了生产优质绿色食品、有机食品辣（甜）椒，必须改变过去的传统施肥习惯，减少各种速效化学肥料的施用量，特别是应尽量减少速效氮素化学肥料施用量。应增施有机肥料，推广施用生物菌或生物菌有机肥料。施用的各种速效化学肥料要事先和各种动物粪便等有机粪肥掺混均匀，并掺加生物菌发酵腐熟后方可施入土壤中。

施肥又分为基肥和追肥，基肥在定植前结合整地施用，追肥在开花结果后结合浇水冲施。具体施用时，应实行测土配方施肥，并根据土壤养分含量、肥料种类、辣（甜）椒产量确定施量。一般土壤有机质含量多（3%～5%）、肥力较高、保肥性能好的黏性壤土，80%左右的有机肥、20%左右的速效化学肥料用做基肥；80%的速效化学肥料、20%的有机肥料用做追肥。基肥每亩施用生物菌发酵腐熟的牛马粪4～5米³（或用生物菌发酵腐熟的鸡粪2～3米³），结合发酵掺加硫酸钾30千克、过磷酸钙50～100千克、硫酸镁10千克。追肥从门椒坐稳后结合浇水进行，每10～15天1次，每次冲施腐熟动物粪便500千克，或生物菌有机肥30～40千克+硫酸钾复合肥20千克，或氨基酸有机肥20～30千克+硫酸钾复合肥20千克。

土壤有机质含量较低（低于2%）、保肥性能较差的沙性土壤，应增加有机肥的施用量，增加土壤有机质含量，提高保水保肥性能，追肥应少量多次。一般60%左右的有机肥、20%左右的速效化学肥料用做基肥；80%的速效化学肥料、40%的有机肥料用做追肥。基肥每亩施用生物菌发酵腐熟的牛马粪5～6米³（或用生物菌发酵腐熟的鸡粪2～3米³），结合发酵掺加硫酸钾30千克、过磷酸钙100千克、硫酸镁10千克。追肥从门椒坐稳后结合浇水进行，每8～10天1次，每次冲施腐熟生物菌有机肥30千克+硫酸钾复合肥20千克，或氨基酸有机肥15～20千克+硫酸钾复合肥20千克。

如果是碱性土壤，施肥时还要注意增施生理酸性肥料。如果是酸性土壤，应适当增施生石灰、钙镁磷肥等碱性肥料，提高土壤的pH。

3. 怎样用生物菌发酵有机肥料？施用生物菌有机肥有什么好处？

用生物菌发酵有机肥料之前，需先把准备施用的各种化学肥料（速效氮肥、过磷酸钙、硫酸钾、硫酸钙、硫酸亚铁、锌肥、硼肥、硫黄等）和有机肥（鸡粪、植物秸秆或其他动物粪便等）掺混均匀，然后用250～500克生物菌加200～300克红糖兑水

30～45 千克细致喷洒，后堆集发酵腐熟 15～30 天，即可将以上各种肥料转化成生物菌有机肥。

施用生物菌有机肥有诸多好处：

①生物菌喷洒入动物粪便和各种肥料中后，可迅速繁育，发生大量的有益活体生物菌，能刺激根系的生长发育，促进扎根，使辣（甜）椒根系发达。并能在根系周围形成菌层，抑制并杀灭土壤中的有害菌类（真菌、细菌、植物病毒），显著减少土传病害发生。大量的有益生物菌还能释放已经被土壤固定的肥料元素，供根系吸收利用，减少肥料施用量，提高肥料利用率。

②生物菌繁育过程中会吸收大量的速效无机氮、磷、钾等肥料元素，把无机氮等肥料元素变成菌体，转化成有机质，生物菌在繁育过程中新的菌体不断发生，老的菌体不断死亡，变成腐殖质（即胡敏酸、富里酸和胡敏素）。从而把速效的无机态肥料元素转化成有机态缓释肥。可显著减少植物体中的硝酸盐和亚硝酸盐的含量，利于提高产品质量。

③腐殖质对土壤性状和植物的生长状况有多方面的影响。它具有较强的黏着性能，能够把分散的土粒黏结成团粒，促进团粒结构的生成，增加土壤的孔隙度，改善土壤的理化性状，调节土壤的水气比例，使土壤的三相（固相、液相、气相）比例和理化性状更趋合理。从而提高土壤的保水保肥能力，改善了土壤的通气性能，进一步促进土壤微生物的活动，并使土性变暖。

腐殖质不但能不断地分解释放氮、磷、钾、钙、镁、硫等矿质元素和水分供辣（甜）椒根系吸收利用，促进生长发育；还能释放大量的二氧化碳为辣（甜）椒叶片光合作用提供原料，促进光合效能的提高。

腐殖质在土壤中呈有机胶体状，带有负电荷，能吸附阳离子，如 NH_4^+、K^+、Ca^{2+}、Mg^{2+}、Fe^{2+}、Cu^{2+} 等，提高土壤保肥能力。

腐殖质具有缓冲性，能够调节土壤的酸碱度（pH）。土壤溶液处于酸性时，溶液中的氢离子（H$^+$）可与土壤胶体上所吸附的盐基离子进行交换，从而降低土壤溶液的酸度；当土壤溶液处于碱性时，溶液中氢氧根离子（OH$^-$）又可与胶体上吸附的氢离子（H$^+$）结合生成水（H$_2$O），降低土壤溶液的酸度。因此在盐碱性土壤中，增施生物菌有机肥料，还是改良盐碱地的最有效途径之一。

4. 辣（甜）椒露地栽培应选用什么品种？

辣（甜）椒露地栽培因环境条件多变、早春低温寒流天气频繁，夏秋季节高温、阴雨天气多，降雨量大，气候条件恶劣。因此选择栽培品种时应根据不同栽培茬口，注意选择高抗疫病、炭疽病、菌核病、病毒病及细菌性病害的高抗病杂交品种。早春茬栽培还应注意选用耐低温、高抗冻害、坐果率高的品种。越夏栽培和早秋茬栽培还应选择抗高温、高抗病毒病、抗逆性强的杂交品种。目前生产中综合性状表现优秀的品种有德国三号、京杂一号、中椒四号、中椒五号、红罗丹、江疏二号、辛香18等优良杂交种。

5. 露地春茬辣（甜）椒栽培应该注意哪些事项？

露地春茬辣（甜）椒栽培是比较古老传统的主要的栽培方式，保护地栽培未出现前，面积很大，遍及全国各地。随着拱棚、大拱棚、温室等设施栽培的发展，露地春茬辣（甜）椒栽培面积，目前已经大大减少，只有少量零星栽培。但在设施栽培较少的地区仍然是当地的一种主要栽培方式。在栽培上应根据其生育特点，注意以下事项：

①注意选用耐低温、抗高温、抗病、适应性强，丰产性能好，品质优良的杂交种，如中椒四号、江疏二号、辛香18等。

②露地春茬辣（甜）椒栽培，早春育苗和定植初期处于寒冷季节，气温不稳定，极易遭遇冻害。育苗时要注意苗床保护，并

要在 1～2 片真叶时和移栽时结合防病用药喷洒 2 次 600～800 倍天达 2116 壮苗灵＋150 倍红糖水混合液，促进花芽分化，增强幼苗抗逆性能，预防冻害发生；结果后应结合喷药，每 7～10 天喷洒 1 次瓜茄果型天达 2116，增强植株抗逆性能，减少病害发生，提高产量与品质。

③露地春茬辣（甜）椒栽培，其生育期多处于高温多雨季节，要特别注意病虫害的预防。

④露地春茬辣（甜）椒栽培，早春土壤温度低，且辣（甜）椒喜水怕涝，应采用 M 形高垄栽培方式。定植之前 1 周左右要整好畦，灌足底墒，提高土温至 15℃左右方能定植。

⑤栽植时要在地温稳定通过 13℃后，日平均气温稳定通过 12℃后方可定植。定植要选在寒流过后的晴天进行，栽苗后只在栽植穴内浇水，水要浇透，水渗后先不要封闭苗穴，待13:00～15:00 土温升高后，用热土封穴，这样做，根际土壤温度高，秧苗扎根快。注意苗穴封土后不可用力按压，以免伤及根、茎，感染病害。

⑥秧苗栽植后，要随即细致松土，疏松土壤，覆盖地膜，提高土壤温度；定植后随即用 800 倍天达 2116 壮苗灵＋5 毫克/千克萘乙酸＋200 倍旺得丰土壤改良剂等生物菌混合液浇灌苗根，促进根系发育，预防根际病害发生。

⑦在肥水管理上，生育前期气温、地温低，需适当控制浇水，土壤见干见湿，促进根系向土壤深层发展，门椒坐住后应加大灌溉水量，并结合灌溉冲施硫酸钾复合肥，每亩 10～15 千克，或腐熟动物粪便，或腐熟粪稀 200 千克。随着 2～3 穗果的膨大和气温的升高，要逐渐增加灌溉频率、浇水量和追肥量，进入采收盛期，应 5 天左右浇 1 次水，间隔 2～3 水追 1 次肥。维持果秧健壮，延长采果周期。

⑧搞好病虫害防治：苗期和定植时需喷洒 600 倍天达 2116 壮苗灵＋150 倍红糖水＋4 000 倍 99％噁霉灵（或 1 000 倍裕丰

18）药液 2～3 次；定植后结合天气变化每 10 天左右喷洒 1 次 600 倍天达 2116（瓜茄果专用）＋1 500 倍 60%百泰水分散剂（或1 500倍安克，或 2 000 倍 10%世高，或 800 倍 72%克露，或 700 倍 72.2%普力克等药剂交替使用）＋3 000～6 000 倍有机硅＋100 倍发酵牛奶＋300 倍硝酸钾＋400 倍硫酸镁混合液。注意喷药应在每次降雨之前喷洒或雨后抢喷。如有虫害为害需根据虫情及时喷洒相关灭虫用药。

6. 露地夏茬辣（甜）椒栽培应该注意哪些事项?

露地夏茬栽培的辣（甜）椒，正处于高温炎热、多雨季节，病虫害发生频繁，为害严重，栽培时应注意以下事项。

①露地夏茬辣（甜）椒栽培应选用抗高温、强光、耐热、抗高湿、耐水涝、抗病、适应性强、丰产性能好、品质优良的杂交种。目前在生产上推广应用比较好的品种很多，要结合当地实际选用适宜的品种。

②选择地势高、排水易，土壤有机质含量高的壤土或沙壤土地栽培，并要注意增施有机肥、中微量元素肥和生物菌肥，提高土壤保水保肥性能，预防植株早衰。

③夏季降雨频繁，且一次性降水量大，极易发生涝害，因此夏茬辣（甜）椒栽培，应采用小高垄栽培方式，以利排水防涝。一般垄宽 35～40 厘米、高 15～20 厘米，每垄栽植 1 行辣（甜）椒，2 垄之间有宽 20～25 厘米、深 10～15 厘米的浇水沟，亦为排水沟。

④露地夏茬辣（甜）椒，其生育期处于高温炎热、多雨季节，病毒病等病虫害频繁发生，要适时、及时喷洒防病灭虫用药＋600 倍天达 2116＋3 000 倍有机硅＋150 倍红糖水＋100 倍发酵牛奶混合液，雨季要及时喷洒 3 000 倍有机硅＋200 倍等量式波尔多液保护植株，提高植株抗逆性，预防病害发生。

要注意天气预报，力争在降雨前 1 天或雨前 2～3 小时内喷药保护，预防病害发生蔓延。

⑤暴雨过后要注意及时排水，并立即用井水灌园，预防冷雨伤根。

⑥其他事项参考春茬栽培。

7. 露地夏秋茬辣（甜）椒栽培应该注意哪些事项？

露地夏秋茬辣（甜）椒栽培，同夏茬辣（甜）椒栽培一样，处于高温炎热、多雨季节，病虫害发生频繁，为害严重，栽培时应参考夏茬辣（甜）椒栽培有关技术。露地夏秋茬辣（甜）椒进入秋季后，气温下降，且经常发生干旱，因此栽培露地夏秋茬辣（甜）椒时，除严格遵循夏茬辣（甜）椒栽培的注意事项外，还须注意：

①选用抗高温、抗强光、耐高湿、抗病、抗干旱、耐水涝、适应性强、丰产性能好、品质优良的杂交种。

②露地夏秋茬辣（甜）椒，病虫害发生频繁，为害严重，要适时、及时喷洒防病灭虫用药＋600倍天达2116＋3 000倍有机硅混合液＋150倍红糖水＋100倍发酵牛奶混合液；雨季要及时喷洒3 000倍有机硅混合液＋200倍等量式波尔多液保护植株，提高植株抗逆性，预防病害发生。

③进入秋季后气温下降，辣（甜）椒菌核病、疫病极易发生，应特别注意喷洒1 500倍60％百泰水分散剂、2 000倍50％安克、2 000倍10％世高、1 500倍50％凯泽、3 000倍25％阿米西达等对菌核病、疫病预防效果优良的高效药剂。并注意每20天左右喷洒1次200倍等量式波尔多＋3 000倍有机硅混合液，提高预防效果。

8. 露地秋茬辣（甜）椒栽培应该注意哪些事项？

露地秋茬辣（甜）椒栽培，苗期处于高温、强光、多雨、高湿度的气候条件，对秧苗的生长发育极为不利，定植后又逐步转变为低温、短日照、低湿度、干旱的气候条件，特别是生育后期气温低，极不利于辣（甜）椒植株与果实的生长发育，且其环境条件反差大。因此露地秋茬辣（甜）椒栽培其难度较大，栽培时除严格遵循夏茬、夏秋茬辣（甜）椒栽培的注意事项外，还须注意：

①选择抗高温强光、抗病性能好、适应性强、坐果率高、结果比较集中、耐低温、抗冻害的品种。

②露地秋茬辣（甜）椒栽培，育苗要选择高燥地块建设苗床，预防雨涝渍苗，苗床上部用旧薄膜覆盖，做到遮阳、预防强光和避免雨淋危害；苗床四周要用防虫网全部封闭，既保持通风透气，又能阻止各种害虫进入苗床为害秧苗。从而达到防高温强光、防雨涝渍苗、防病虫为害，实现安全育苗。

③露地秋茬辣（甜）椒，其生育初期亦处于高温炎热、多雨高湿环境条件下，病虫害频繁发生，要适时、及时喷洒防病灭虫用药＋600倍天达2116＋3 000倍有机硅混合液＋150倍红糖水＋100倍发酵牛奶混合液，雨季要及时喷洒3 000倍有机硅混合液＋200倍等量式波尔多液保护植株，提高植株抗逆性，预防病害发生。

④露地秋茬辣（甜）椒，其生育期前期高温，后期处于短日照、较低温的环境条件下，后期果秧营养生长弱，因此8～9月应注意加强肥水管理，促进营养生长，维持健壮长势，以利丰产。进入10月后应在初霜来临之前，及时摘除顶部生长点，集中营养攻果，确保果实在低温到来之前安全收获。

⑤露地秋茬辣（甜）椒，其生育后期气温凉爽，菌核病、疫病极易发生，应特别注意喷洒1 500倍60％百泰水分散剂、1 000倍50％安克、2 000倍10％世高、1 500倍50％凯泽、3 000倍25％阿米西达等对菌核病、疫病预防效果优良的高效药剂，预防病害发生。

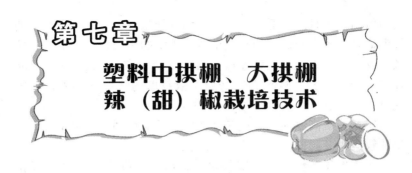

第七章
塑料中拱棚、大拱棚辣（甜）椒栽培技术

1. 塑料中拱棚、大拱棚辣（甜）椒栽培有哪几种栽培方式？

塑料中拱棚、大拱棚辣（甜）椒栽培主要有塑料大中棚春促成辣（甜）椒栽培和塑料大中棚秋延迟辣（甜）椒栽培两种方式。

2. 塑料中拱棚与大拱棚建造应该注意哪些事项？

塑料中拱棚与大拱棚由骨架（包括支柱、吊柱、拉杆、棚膜杆）、塑料薄膜、防虫网、钢丝、通风卷膜杆、压膜槽（或地锚加压膜绳）组建而成。棚型分为连栋式大棚和单体拱棚，单体棚又分为小棚、中拱棚和大拱棚。棚体骨架分有支柱和无支柱两种类型，制作骨架的材料可分别采用钢管、钢筋水泥混凝土、塑钢及竹木等。不论哪种类型、采用什么材料，建造时都需注意：

①棚体方向应采用南北方向，单体棚南北长度50～70米为宜，最长不应大于100米，以便于管理；东西宽度因土地宽度而定，以8～10米为好，最宽不得大于12米；棚体边缘高1.2～1.4米，棚体中央最高点高度2～2.5米，最高不超过3米，以利防风。

②骨架稳固抗风、抗压，有支柱型大棚，两排支柱之间东西间距2.4～3米为宜，这样正好和辣（甜）椒平均行距60厘米相

适应。

③塑料薄膜应选择保温、透光率高、拉力强、耐老化的优质膜，覆盖时最少要设置 2～3 道通风口，小棚 2 道，10～12 米的大型棚 3 道，其中拱棚顶部要设置 1 道通风口，风口设置在最高顶线下方、当地主风向的背风向 1 面，以便调控棚内温度，预防高温时棚内热气难以排除。

④通风口处应设置防虫网，预防通风时害虫进入。

⑤棚门应设置在棚体的南端，棚门高 150～170 厘米、宽70～90 厘米，门需立体双门，两门相距 80 厘米左右，两者之间用塑料薄膜或防虫网封闭成严密的封闭通道，管理人员进棚后可立即封闭外门，在通道内检查消灭进入门内的害虫后，开启内门入棚，从而可预防人员进棚时害虫乘机进入棚内，做到棚内无害虫，不需喷洒杀虫剂，实现辣（甜）椒生产无公害、绿色或有机标准。

3. 塑料大中棚春促成辣（甜）椒栽培主要技术要点有哪些？

塑料大中棚春促成辣（甜）椒栽培必须做好以下几项工作：

①培育壮苗：育苗需在温室内或在拱棚中建设电热线加温苗床育苗，育苗方法参阅辣（甜）椒育苗部分。应选择适宜于塑料大中棚春促成茬辣（甜）椒栽培的品种，如 HA-831、甜椒考曼奇、麦卡比、安托尼奥等。为促进幼苗健壮，雌花分化良好，2～3 片真叶时或分苗后、定植时结合喷洒防病用药需及时喷洒800 倍天达 2116 壮苗灵＋150 倍红糖水混合液。

②塑料大中棚春促成辣（甜）椒栽培因早春土壤温度低，且辣（甜）椒喜水怕涝，应采用 M 形高垄栽培方式。定植之前 10天左右需施肥整地，灌足底墒，覆盖大棚膜，提高土壤温度，待土壤最低温度稳定通过 13℃后方可定植。

③栽植时要选在寒尾暖头的晴天上午进行，栽苗后只在栽植

穴内浇水，水要浇透，水渗后先少量覆土稳苗，待 13：00～15：00 时或第二天中午前后土温升高后，用热土封穴，这样做，根际土壤温度高，秧苗扎根快。注意苗穴封土后不可用力按压根际土壤，以免伤及根、茎，感染病害。

④秧苗栽植后，要随即细致松土，疏松土壤，覆盖地膜，提高土壤温度；定植 7～10 天后，要用 600 倍天达 2116 壮苗灵＋5 毫克/千克萘乙酸＋200 倍旺得丰土壤改良剂等生物菌混合液浇灌果根，促进根系发育，预防根际病害发生。

⑤在肥水管理上，生育前期因地温低，需适当控制浇水，土壤见干见湿，促进根系向土壤深层发展，门椒坐住后应加大灌溉水量，并结合灌溉冲施腐熟粪稀 200～300 千克/亩，或生物菌有机肥或氨基酸有机肥，每亩 10～15 千克。随着 3～5 穗果的坐果和气温的升高，要逐渐增加灌溉频率、浇水量和追肥量；进入采收盛期，气温与地温升高，应 3～5 天浇 1 次水，间隔 2～3 水追 1 次肥。维持植株健壮，延长结果周期。

⑥塑料大中棚春促成辣（甜）椒栽培，因设施封闭，通风量有限，棚内易缺少二氧化碳，因此基肥追肥都要以腐熟动物粪便等有机肥为主，以便增加棚内二氧化碳含量，促进光合作用。浇水、追肥要选择晴天清晨开启风口时进行，力争 8：00 前后结束，阴天和 10：00 后不可浇水、施肥，以免降低地温、增大空气湿度，诱发病害。

⑦科学调控棚内温湿度，辣（甜）椒苗定植后，晴天白天气温应维持在 25～30℃，夜晚维持在 12～18℃，开始结果后，晴天白天气温维持在 25～32℃，夜晚维持在 12～18℃，遇阴天白天气温维持在 14～18℃即可。进入 5 月后地温升高，晴天白天气温可维持在 25～30℃，夜晚维持在 12～18℃。通风应在清晨和 14：00 以后进行，只要清晨棚内温度不低于 10℃，短时间不低于 6～8℃，夜晚应通风至 8：00 左右，降低棚内湿度，阻止棚内起雾结露，预防病害发生。注意！通风时不可猛然开启大风

口，严禁因通风口大开引起气温快速下降，诱发"闪苗"现象发生。

⑧注意调整好营养生长与生殖生长的关系，维持果秧健壮长势和田间良好风光条件，营养生长变弱时，应及时摘除生长点部位过多的雌花，减少负载，维持果秧旺盛的生长势力，预防化果。叶幕层光照条件恶化时，应及时疏枝，维持良好的风光条件。

⑨辣（甜）椒植株高度超过 1.2 米后，基部叶片已经衰老，应及时摘除基部老叶，减少营养消耗，促进坐果。植株高度超过 1.4 米后，光照条件恶化，应及时、适度回缩分枝，维持植株高度不得超过 1.5 米，促进下部再发结果枝，更新结果枝。摘叶、疏枝应在晴天中午前后进行，每次疏枝 2～3 枚，疏枝后随即喷洒防病用药＋600 倍天达 2116＋250 倍硝酸钾＋400 倍氯化钙＋300 倍硫酸镁＋3 000～6 000 倍有机硅＋100 倍发酵牛奶混合液，预防伤口感病，促进植株健壮。

⑩搞好病虫害防治：苗期和定植时需喷洒 800 倍天达 2116 壮苗灵＋100 倍红糖水＋4 000 倍 99%噁霉灵（或 1 000 倍裕丰 18）药液 2～3 次；定植后结合天气变化每 10 天左右喷洒 1 次 600 倍天达 2116（瓜茄果专用）＋1 500 倍 50%百泰水分散剂（与 1 500 倍安克，或 2 000 倍 10%世高，或 800 倍 72%克露，或 700 倍 72.2%普力克等药剂交替使用）＋6 000 倍有机硅＋100 倍发酵牛奶＋250 倍硝酸钾＋300 倍硫酸镁＋300 倍氯化钙混合液。注意：喷药应在每次寒流来临之前喷洒。遇阴雨雪天，不可喷洒水剂，需用防病烟雾剂熏烟预防。如发生虫害可用灭蚜烟雾剂或相关灭虫烟雾剂熏烟预防。

4. 塑料大中棚秋延迟辣（甜）椒栽培主要技术要点有哪些？

塑料大中棚秋延迟辣（甜）椒栽培期间，气温由高温到低温，从强光、长日照到弱光短日照，苗期处于高温、长日照、强光、多雨、高湿度的气候条件下，对秧苗的生长发育极为不利，定植后又逐步转变为低温、短日照的气候条件，特别是生育后期气温低，土壤温度下降，极不利于辣（甜）椒植株与果实的生长发育，因此塑料大中棚秋延后辣（甜）椒栽培其难度较大，必须注意：

①选择耐高温强光、抗病性能好、适应性强，结果比较集中，又耐低温、抗冻害的品种。

②塑料大中棚秋延迟辣（甜）椒栽培，育苗要选择高燥地块建设苗床，预防雨涝渍苗，苗床上部用旧薄膜覆盖，做到遮阳、预防强光和避免雨淋危害；苗床四周要用防虫网全部封闭，既保持通风透气，又能阻止各种害虫进入苗床为害秧苗。从而达到防高温强光、防雨涝渍苗、防病虫为害，实现安全育苗。

③塑料大中棚秋延迟辣（甜）椒栽培，其育苗期和生育前期同样处于长日照、高温、昼夜温差小的环境条件下，影响植株发育与花芽分化，因此苗期和结果初期，要适时、及时喷洒 600 倍天达 2116＋100 倍红糖水＋5 000 倍植物基因活化剂混合液，促进秧苗健壮和花芽分化，以利丰产。

④塑料大中棚秋延迟辣（甜）椒栽培，进入 11 月中下旬后气温急剧下降，应注意减少通风，提高棚内温度，有条件者可在夜间加盖覆盖物，维持棚内夜间温度。并结合气温变化规律，在拔秧前 30 天适时摘除植株全部生长点，减少营养消耗，集中养分于幼果，促其尽快长成，避免低温危害。

其他技术措施参阅塑料大中棚春促成辣（甜）椒栽培技术。

第八章 节能日光温室辣（甜）椒栽培技术

第一节 节能日光温室建造

1. 目前温室建造中存在着哪些误区？

目前在温室（大棚）建造中存在着较多的误区和问题。具有普遍性、比较突出的问题有以下几个方面：

（1）新建温室的采光面多数仍然采用一面坡形或抛物线形 第一，较少采用大弓圆形。首先前二者采光面角度较小，太阳入射角大，室内光照弱、温度低。第二，一面坡形和抛物线形温室，其采光面比较平，薄膜难以压紧，遇到大风天气，薄膜容易上下扇动，诱发室内迅速降温。第三，这种结构抗压性能差，并且下雪时采光面易积雪，清扫积雪用工量大，而一旦积雪多时，会压垮设施，2007 年元宵节的大雪压垮了数以万计的温室，绝大多数都是这种结构的。

（2）温室后墙厚度达数米，有的温室墙体厚度达 5 米以上，为了达到厚度，设施内表层土壤甚至厚度 80 厘米左右的表层土壤全用于建墙 此种方法建造的温室，土地利用率低，可耕种土地仅占压土地的 60％左右，耕作层土壤又被取走，底层土壤肥力差，土壤熟化程度低，2～3 年内难以获取高额产量和收入，特别是雨季来临时，积水难以排除，内涝严重，长达 2～4

个月的时间棚内不能种植辣（甜）椒，时间利用率大大降低。

实际上热量平衡规律是由热处向冷处散发热量，温室的室内温度高于室外，昼夜 24 小时当中，墙体热量分分秒秒都在向室外传递释放，并不或极少向室内释放。墙体厚度与室内温度关系不成正比例关系。

（3）温室过于高大，有不少温室高度达 4.5 米以上，宽度达 12 米还多。这种温室不但投资大、土地利用率低，而且经济效益低　因为在温室内的光照和室内温度都随高度的下降而降低，温室越高，其地面和 1 米左右高处的光照越弱，室内叶幕层处温度越低，土壤温度更低。辣（甜）椒根系的生长发育受到低土壤温度的制约，发根少、扎根浅、活性差，极不利于辣（甜）椒的生长发育和光合作用的提高，因此经济效益必然下降。

（4）温室的操作房建在一端，有的还在室内采光面的一端开门，这样缩短了温室长度，降低了经济效益　温室内每 1 米宽的土地，一般可收入 300～400 元，管理好的可收入 500 元以上。温室操作房一般占地 4 米宽左右，使温室减少 4 米长度，每年少收入千元左右，10 几年就少收万元左右。因此操作房应建在温室的后部，在温室的后墙上开门，利用温室后墙作操作房的前墙，既减少投资，又能充分利用土地，增加经济效益。操作房应建成平顶房，夏天可以摆放温室覆盖物如草帘之类，可减少上草帘时的搬运用工，又不占压土地。

（5）温室开门太大或者太小，多数采用单门　温室的门开大了不保温，开小了进出不便，一般开门 170 厘米×70 厘米比较适宜。温室门应该采用双层门，在温室后墙的墙外和墙里各设一门，封闭要严密，这样进出温室时，双门之间有一缓冲带，减少并制止了冷热空气的对流，可以防止室门洞开，引起室内急速降温现象发生。

（6）墙体外面不设保温层，保温效果差。

2. 设计建造温室时应注意选择什么样的地块?

设计建造温室选地时，要注意选择那些离城市、工矿企业、医院和交通干线距离适中（既远离无污染源，又便于运输和市场供应），其空气、土壤、灌溉用水无污染，地势高燥，大雨过后不积水，地下水埋深低于 1 米，排灌条件良好，土壤肥沃，土质松散，透气性好，土层较深，保肥保水性能良好，且背风向阳，其东南西 3 个方向没有高大建筑物和高大树木，交通方便的地段。在这样的地段建造温室，既能远离污染源，利于生产无公害、绿色和有机产品，又能避开多种不利的环境条件，减少灾害发生，便于运输和市场供应。

3. 设计建造温室时还应注意哪些问题?

除注意合理选择地块外还应注意以下方面问题:

(1) **坐向**　温室应坐北朝南，并偏西（阴）3°~5°为好。这样的方向，接受阳光时间长，光能利用率高。方法如下：在 11:40~12:30，在地面插一根垂直标杆，通过观察，选取其最短投影，然后做其垂直线，再以该垂直线为准，偏西 5°划直线，所画直线，即为温室后墙方向基准线。

(2) **设施大小**　日光温室，其东西长 50~70 米比较适宜。若长度短于 40 米，则温室体积偏小，保温性能降低，遇到严寒天气，室内易发生冷害或冻害（表8-1）。若长度超过 80 米，则拉盖草苫的时间长，管理不方便。

表 8 - 1　8:00 时不同长度温室的平均温度变化

温室长度	室 外 温 度				
	−3℃	−5℃	−7℃	−9℃	−12℃
32 米	10.3℃	9.1℃	7.2℃	4.3℃	2.2℃
43 米	10.7℃	10.1℃	8.7℃	7.1℃	5.3℃

（续）

温室长度	室 外 温 度				
	−3℃	−5℃	−7℃	−9℃	−12℃
51 米	11.3℃	10.3℃	9.2℃	8.9℃	8.1℃
61 米	11.7℃	10.4℃	9.5℃	9.1℃	8.7℃

（3）温室的高度与南北跨度 高度与南北跨度应根据当地的纬度来定。高度与跨度决定着温室采光面的角度（图 8-1），采光面角度左右着阳光入射角（阳光射线与采光面垂直线的夹角）的大小。研究得知，太阳光的投射率与光线入射角关系密切。其入射角在 0°～40°范围内，光线的入射率变化不明显，当入射角大于 40°以后，随入射角的增大，其透光率急剧下降。

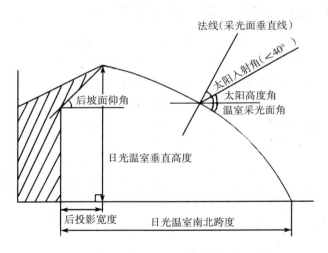

图 8-1　温室各种角的示意

图 8-1 中表明，温室采光面的角度 = 90°−太阳高度角（阳光射线与地平面的夹角）−阳光入射角（40°）。太阳高度角，在一天之中，中午最大（表 8-2），早晨出太阳和傍晚落日时为零，随着太阳的升高角度增大，中午后又慢慢下降。

温室采光面的角度，应根据当地太阳高度角来决定。例如，在北纬 35°左右地区，其冬至中午时的太阳高度角为 31.6°，建温室具体计算其采光面角度时，太阳高度角应采用比中午时的太阳高度角适当减少 5°～6°为宜。计算如下：

采光面的角度＝90°－（31.6°－5°）－40°＝23.4°。其采光面的角度，应大于 23°。

表 8-2　不同纬度不同季节太阳高度角的变化（12:00）

季　节	纬　　度				
	30°	35°	40°	45°	50°
立春、立冬	43.6°	38.6°	33.6°	28.6°	23.6°
春分、秋分	59.9°	54.9°	49.9°	44.9°	39.9°
夏至	84.4°	79.4°	74.4°	69.4°	64.4°
冬至	36.6°	31.6°	26.6°	21.6°	16.6°

从表 8-2 得知，温室所在地的地理纬度与太阳高度角的变化规律为：纬度每提高 1°，太阳高度角就减少 1°，采光面角度就需增加 1°。北纬 38°地带建温室，采光面角度需比 35°地带的温室增加 3°，应大于 26°（23°＋3°＝26°）为宜。北纬 40°地带应大于 28°，北纬 42°地带，应大于 30°。

根据上面所述，高度与南北宽度应根据温室所在地最合理的采光面的角度而定，可根据所在地所处纬度计算出采光面最小角度，再结合温室后坡与后墙综合高度，用公式算出：温室宽度等于温室最高点高度×cotα（α 为采光面最小角度）＋后坡面的投影长度。例如，在北纬 35°地段，其日光温室设计最高点处高度若为 3 米，后坡面的投影长度为 1 米，则采光面的角度为 23°，cot23°＝2.36。计算如下：3×2.36＋1＝8。则在北纬 35°地区，设计日光温室最高点为 3 米、后坡投影为 1 米时，其南北跨度应为 8 米。

（4）采光面形状　应采用大弓圆形，这种形式，一是采光面呈拱形，结构坚固，抗压力强；二是坡面凸起，便于用压膜绳压膜，薄膜会被压成波浪形，可增加采光面积 20％以上，透光性能好，阳光利用率高，特别是 9:00 以前，温室增温快；三是采光面薄膜压得紧，大风时较少扇动，防风性能好，保温效果好；四是拉揭草帘便利，且下雪时采光面上积雪少，便于清扫采光面上的积雪；五是夜晚覆盖草帘后，薄膜与草帘之间有较大的空隙，形成一个三角带的不流通空气，可显著提高温室的保温性能。

（5）墙体建造 墙体是温室的最主要构件，它不但能支撑封闭温室，起到保温作用，而且它还具有白天蓄积热量，夜晚释放热量，稳定温室夜间温度的作用。墙体分为实心墙与空心墙两种类型，空心墙又可分为有保温填充材料和无保温填充材料两种类型。单纯从保温效果而言，只要封闭严密，空心墙体比实心墙体保温效果好，填充保温材料的墙体又优于无填充材料的墙体。但是墙体的作用不仅仅只是保温，它还担负着高温时贮存热量，低温时释放热量稳定室温的重大作用。若温室遇到连续阴冷天气，空心墙体因其蓄积热量较少，热量释放得少，其室内夜间温度会明显低于相同厚度实心墙体建造的温室。因此不应建造空心墙体，应建造成内有散热穴的适宜厚度的实心墙体，并在墙体外面，覆以保温层，其综合保温效果最好。

具体建造时，最好用泥土掺麦草砌土墙，后在墙内壁用铁制水管向墙内斜上方打洞，每间隔 40 厘米高打 1 排，每排相距 40

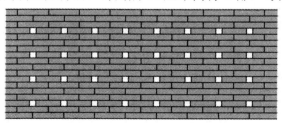

图 8-2　后墙吸热穴建造示意

厘米打 1 个。或内有 12 厘米的孔穴砖体墙，墙外砌 100 厘米左右厚的泥土实心墙体，墙体的内壁均匀密布有直径 5～6 厘米的孔穴（图 8-2），孔穴深入墙内 80～100 厘米。

这样的墙体，用砖量少，投资较少而墙体结实牢固，不怕风吹雨淋，使用寿命长。墙外包有泥土，泥土是仅次于水的贮热材料，白天可以蓄积贮存较多的热量，夜晚释放热量多，有利于提高设施内的夜间温度。墙体的内壁密布有孔穴，白天高温时，热空气可通过孔穴进入墙体内部，加热墙体，提高温度，蓄积热量，夜晚墙体降温，又可通过散热穴经空气对流向室内释放更多的热量，稳定、提高室内温度。

实践证明，一般情况下，两种不同墙体温室，夜温可相差 2℃左右，若遇 2～3 天连续阴冷天气，其夜温相差幅度可达 3℃左右。

（6）增设保温层　如前所述，温室墙体贮存的热量绝大部分都向室外散放，为减少热量散失，提高室内夜间和连续阴冷天的温度，墙体建成后，还需在墙体外面增设保温层，杜绝热量外传。方法：用普通农膜，或用温室换下的旧薄膜将后墙、山墙包裹严密。然后在墙与薄膜之间的缝隙内填满碎草，碎草厚度 20 厘米左右，再用泥土把薄膜上下边缘埋压于温室后坡上和地面泥土中，并绑缚 1～2 道铁丝，加固薄膜。

墙体外面增设保温层后，墙体热量不再向外散发，夜晚寒冷时，墙体贮存热量只向室内释放，可显著提高室内夜温，比不设保温层的温室夜温提高 3～5℃。对稳定严寒时期的室内夜温，效果甚佳。如此建造，100 厘米左右厚度的墙体的温室，其保温效果，相当于甚至高于 5 米厚度墙体的温室。

（7）日光温室后坡面角度与投影长度　日光温室设有后坡面，可显著提高温室的保温效果；并能适当提高温室的高度，增大采光面角度，利于太阳光的射入；还能方便摆放与揭盖采光面的保温覆盖层（草苫、纸被等）。为保障严寒时期温室的室内温度，设立后坡面是必要的。但是，后坡面又能阻挡温室北边空中散射光的射入，恶化温室后部的光照条件，造成温室后部辣（甜）椒生长发育状况、产品的产量与质量，都明显劣于前部辣（甜）椒。平衡利弊，并为便于摆放和揭盖保温覆盖物，应设立后坡面，但后坡面宽度不可过于宽大，其投影长度应维持在 1 米左右，以尽量减少遮光。如有条件，后坡面建成半活动型为好，上半部为透光型，夜晚备有保温覆盖设施，以提高温室保温效果，白天撤去保温设施，增加散射光的射入，以改善温室后部光照条件，下半部为保温性能良好的永久性坡面，利于保温、摆放与揭盖保温覆盖物。再者，后坡面的仰角应合理，在北纬 36°左右地区，应维持在 38°以上，以便于在最为严寒的季节（冬至前后 2 个月），太阳光可以直射后坡面的内壁，利于提高室温和改善温室后部光照条件。

（8）设置防寒沟 防寒沟应在室内 4 个边沿设置。其中南边沿的一条，应改建成贮水蓄热防寒沟，即在前沿开挖一条深 40 厘米、宽 30～40 厘米的东西向条沟，沟的南部边缘、紧靠温室的外沿处，站立埋设一排厚 2 厘米的泡沫塑料板，也可用旧薄膜包裹碎干草代替。沟底铺设一层碎草，再用旧薄膜将沟底、沟沿全部覆盖严密，后在沟内铺设一条直径为 50 厘米左右的塑料薄膜管（90 厘米宽的双面塑料筒），长度同温室长。塑料管的一端开口封闭，使其高于地面，从另一端开口灌满井水，后将开口垫高封闭。

其他 3 条边沿，各挖掘宽 20 厘米、深 30 厘米的窄沟，沟内填入碎草，草要填满、踏实。沟内填入的碎干草，一能吸收设施内空气中的水蒸气，降低空气湿度，利于防病；二是比较全面地防止土壤热量的外传，提高室内土壤温度；三是沟内的碎草吸收水分后，被土壤微生物分解发酵，既可释放热量，提高室内温度，又可释放二氧化碳，为叶片的光合作用提供原料，可显著提高室内辣（甜）椒产量。前沿的泡沫板能防止温室热量外传，具有良好的保温效果；塑料管内的井水，白天吸收和蓄积热量，夜晚释放热量稳定室温，改变温室前沿部位夜间温度偏低、白天温度偏高的弊病，管内的井水还可用于灌溉室内辣（甜）椒，解决冬季灌溉用水温度低，灌溉后降低地温的难题。

（9）采光面透明覆盖材料　要采用透光、无滴、防尘、保温性能良好，且具有抗拉力强、长寿的多功能复合膜。比较好的有聚乙烯长寿无滴膜、三层共挤复合膜、聚乙烯无滴转光膜、乙烯—醋酸乙烯三层共挤无滴保温防老化膜等。

（10）通风口的设置　目前温室通风口多数仅设置1道风口，并且不在温室的顶部。这样设置，通风不畅，高温时降温难，只有扒开温室底口通风，结果冷空气直吹秧苗，引起冷害发生。

通风口最好设置2～3道，设3道时，1道在后坡的最上部，宽20～30厘米；1道在前坡采光面的最高处（草帘卷的前面），宽80～100厘米；1道在采光面前部120～140厘米高处，宽10厘米左右。设置2道的只保留后二者。如此设置通风方便，例如调节温度，高温时不需扒开温室底口，不会发生冷空气直吹秧苗现象。后坡风口，利于夜间通风排湿。

4. 怎样建造无支柱型温室？

无支柱型温室（图8-3），因温室内部，没有支柱遮阳，室

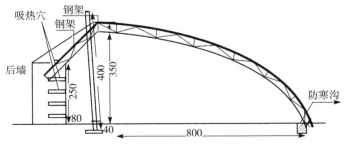

图8-3　无支柱式节能日光温室示意（单位：厘米）

内光照条件好，温度高，便于操作，并且利于机械化作业，是今后发展设施栽培的方向。其建造步骤如下：

（1）墙体建造 墙体分 4 种方式。

①土体墙：用泥土掺麦草砌土墙，在墙内壁用铁制水管向墙内斜上方打洞，每间隔 40 厘米打 1 排，每排 40 厘米远打 1 个。墙体建好后再在墙体外面增设保温层，用普通农膜或用温室换下的旧薄膜将后墙、山墙包裹严密。然后在墙与薄膜之间的缝隙内填满碎草，碎草厚度 20 厘米左右，再用泥土把薄膜上下边缘埋压于温室后坡上和地面泥土中，并绑缚 1～2 道铁丝，加固薄膜。

墙体外面增设保温层后，墙体热量不再向外散发，夜晚寒冷时，墙体热量只向室内释放，可显著提高室内夜温，比不设保温层的温室夜温提高 3～5℃。对稳定严寒时期的室内夜温，效果甚佳。如此建造，100 厘米左右厚度的墙体的温室，其保温效果，相当于甚至高于 5 米厚度墙体的温室。

②砖土复合孔穴墙体：内砌一层 12 厘米厚的孔穴砖体墙，外砌 80～120 厘米厚的泥土实心墙体，对这种墙体称之为砖土复合墙体。墙体的内壁均匀密布有直径 5～6 厘米的孔穴（图 8-2），孔穴深入墙内 80～100 厘米。

这样的墙体，用砖量少，投资较少而墙体结实牢固，不怕风吹雨淋，使用寿命长。墙外包有泥土，泥土是仅次于水的贮热材料，白天可以蓄积贮存较多的热量，夜晚释放热量多，有利于提高设施内的夜间温度。墙体的内壁密布有孔穴，白天高温时，热空气可通过孔穴进入墙体内部，加热墙体，提高墙体温度，增大蓄积热量，夜晚墙体中的孔穴，通过空气对流，向室内释放热量。

12 厘米厚的孔穴砖体墙建造：每 270～300 厘米立一根水泥柱，水泥柱之间砌 12 厘米厚的单砖墙，先分段用水泥砂浆砌蜂窝状单砖墙，每段长 260～280 厘米，两段之间留有 10 厘米的空间，墙体每砌高 60 厘米左右时，在空间处夹设模板、放置钢筋、灌水泥砂浆，由下向上，分段浇灌成水泥立柱。墙体建造时，每7～8层砖预留一排6厘米×6厘米的方洞，即每砌两砖留一6厘米远的空隙，两洞之间相距56厘米。

墙高每砌50厘米左右时在墙外培封一次泥土，土体墙底宽150～180厘米，顶宽70～80厘米。后墙外加设保温层。

墙体建成后，在墙内的方形孔穴处用木棍或铁管向墙内土体部分斜上方打穴，穴深80～100厘米。

③内砌石块外砌泥土墙体：内墙用石块垒砌，石块外砌土体墙，从石块缝隙中向土体墙中打洞，设置散热穴。墙外加设保温层。

④双层砖斗内填泥土墙体：建造双层砖墙内填泥土的墙体具体操作如下：先用石块掺加水泥砂浆砌地基，地基应高于地面20厘米左右，宽120厘米左右，然后在地基上用水泥砂浆砌砖体的空斗墙，其厚度1米左右，斗壁厚12厘米，斗长135～150厘米，斗宽76～96厘米，斗高与墙高同，每两斗之间，有一段12厘米的砖墙将前后墙体联结，墙体内壁需建成孔穴状，每砌7～8层砖（高40～50厘米），要建造一排方形孔洞（6厘米×6厘米），即砌第7～8层砖时，每砌两块砖，留6厘米长的空间（图8-2）。墙体建成后，其墙体内壁上均匀布满孔洞，洞与洞的中心距离，上下之间、左右之间为40～58厘米。墙体内的空斗内必须用泥土填实，填土要等墙体水泥凝固后分层进行，即每砌50～100厘米高墙体，填一次土，填后逐层踏实。待墙体建好并彻底凝固后，再用直径5厘米、长120厘米、前端削成尖形的洋槐木棍，在内壁墙上沿方形孔洞斜上方打穴，穴深60～80厘米。外设保温层。

⑤水泥预制件、土体孔穴复合墙体：每1米远埋设长300～320厘米、截面为三角形或梯形的钢筋混凝土水泥柱，地下埋深50厘米左右，地上高250～270厘米，柱子宽面朝向墙内，预埋好后，柱子中心到中心必须等距离100厘米，顶端等高成直线、

内面处于同一平面内。将柱子顶部先用角铁或直木棍临时固定，然后安装采光面骨架，骨架后坐铁管与水泥柱顶端固着连接成一体，将整个温室大架固定。再在两柱之间安装厚 5 厘米、宽 50 厘米、长 90 厘米的钢筋水泥预制板（水泥板中部预制两个直径 5 厘米的孔洞，洞距 50 厘米），板边沿呈斜形，其角度与水泥柱的角度互补，二者之和 180°。安装后，柱、板连成一条直线，基本处于同一平面内。每安装一排水泥板覆一次土，边覆土，边踏实，泥土底宽 150～180 厘米，顶宽 70～80 厘米。温室完全建造好后，再沿内墙的孔洞向墙内打穴，方法同前，并设置保温层。

外设保温层，内设孔穴墙体，其墙体热量不再向室外释放，白天高温时，热空气可通过孔穴进入墙体内部，快速加热墙体，提高墙体内部温度，增加蓄积热量，夜晚墙体降温，可释放较多热量，稳定提高室内温度。实践证明，建有孔穴墙体温室的夜晚温度可比同等条件下的其他墙体温室夜温提高 3～4℃（表 8-3），如有外设保温层的其保温效果更好。

表 8-3　不同墙体温室 8:00 室内温度变化

墙体结构	室 外 夜 温					
	−3℃	−5℃	−6℃	−7℃	−9℃	−12℃
孔穴墙体	13℃	12.3℃	11.7℃	11.5℃	11.3℃	11.1℃
普通墙体	11℃	10.1℃	9.5℃	9.4℃	9.1℃	8.1℃
空心墙体	11℃	9.8℃	9.4℃	9.2℃	8.7℃	7.3℃

注：以上各种墙体没有外保温层。

建造后墙的同时建造山墙，山墙厚度应达到 120 厘米左右，墙体形状与温室的骨架弧度相同，建造方法同后墙，其高度可比温室截面的平均高度矮 10 厘米左右，以减少遮光。

（2）温室门与操作室的建造　温室门可设在山墙的北部或在后墙的一端（图 8-4）。

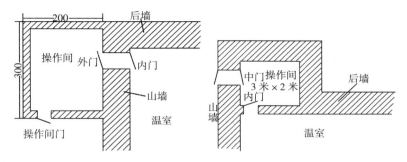

图 8 - 4 温室山墙外建造操作间与 图 8 - 5 温室后墙外建造操作间与
开门平面图（单位：厘米） 开门平面图

开门不可过大，门宽 70 厘米左右，高 150～170 厘米，门要
建设双门，封闭要严密，分别设在墙体的外沿与内沿，两门相距
100～120 厘米，进入温室时先打开外门，待人进入两门之间以
后，再关闭外门，然后打开内门，进入室内后，随即关闭内门。
如上操作，可防止开门时冷空气侵入室内和热空气流出室外，能
有效地提高温室保温效果。

为了管理方便，门外应建造 6～8 米^2 的操作间。操作间建
在温室的后边（图 8 - 5），可以减少土地浪费，提高土地利用率。
操作间最好建成平顶，4 月以后，温室撤下的草苫，可搁放于操
作间房顶上，减少上下搬运草苫的麻烦。

（3）建造温室的后坡面 后坡面最好分两部分组成，下部为
不透光的保温层，高度应比温室骨架矮 40 厘米左右，上部分覆
盖薄膜，白天可透射散射光，晚上覆盖草帘保温。后坡面由钢架
或八木、钢丝或木椽，芦苇或高粱秸、塑料薄膜搭成。建筑时分
5 步进行。

①竖立柱：立柱设在温室后墙前 80 厘米处，沿东西方向排
列，每间隔 150～300 厘米埋设一根。立柱长 320～340 厘米，横
截面为 8 厘米×10 厘米，顶端成 50°左右斜角，离顶端 5 厘米处

预制一个小孔，以便穿入铁丝，绑缚八木，或直接与钢架绑缚固定。立柱下端底下垫石块埋入土中，埋深40～50厘米。地上部分留长270～300厘米，立柱埋设好后，向北倾斜3°左右。全部立柱埋设好后，要处在同一平面上，顶端处在同一高度，成一条直线排列。

②绑缚八木或固定于钢架上：前坡面为钢架者，可用铁丝直接将立柱绑缚固定；如果是竹木结构，可选用200～220厘米、小头直径≥10厘米的洋槐木或硬杂木棍作八木。架设前，先在离小头50厘米远处，割一条深1厘米左右的锯口，后用锛子在离小头55厘米处，切去厚1厘米左右的三角形木块，使之成为三角凹形斜面。然后将八木的三角形斜面与立柱顶端斜角紧密结合，再以铁丝穿过立柱顶端小孔绑缚牢稳。八木的大头搭在后墙高170～180厘米处，并以铁丝固定于墙外地锚上。八木架设好后，应使每根八木都基本处于同一平面上，与地面成38°以上的夹角，八木前端处在同一高度，东西方向基本成直线排列。

③拉钢丝或钉椽子：竹木结构者，先在八木顶端，沿东西方向钉设一道直径≥8厘米的木棍作脊檩，脊檩的接头要抠成凹凸榫，使之接牢基本成一条直线。然后再在八木上钉设木椽或拉钢丝。若用木缘，需选用直径≥7厘米的洋槐木棍或其他硬杂木棍，东西向固定于八木上，其间距20～25厘米。

若选用钢丝，需先在温室东西山墙外100～150厘米处，挖深100～120厘米的土穴，然后埋入重50千克左右的长石块，石块中部绑缚钢筋，钢筋的另一端，露出地面长40厘米左右，埋设好后，再灌水沉实。

第一道钢丝可固定于离脊檩距离10厘米处，向下依次每15～20厘米拉一道，共6～8道。钢丝需用紧线机拉紧，两端连接于温室山墙外面地锚的钢筋上，并用∩形钉钉在八木上，使之固定。

④铺设苇箔：木椽钉齐后，或钢丝拉好以后，再在上面铺设

苇箔，若无苇箔，也可以用苇子、高粱秸、玉米秸等代替，用麻绳或塑料线丝绑缚于木橼或钢丝上，其厚度 5～7 厘米，高度需低于后坡最高处 40 厘米左右。

⑤覆草保温：苇箔上面先薄薄铺撒一层麦草或苇叶等其他杂草，再泥一层麦秸草泥封闭严密，泥干后，再在后坡面上覆盖玉米秸，其厚度：后坡底部为 30 厘米左右，中部 25 厘米左右，顶部 5 厘米左右，整平后成一斜面草坡，草坡外面用塑料薄膜覆盖、封严，再以毛竹片压紧并用钢丝固定于后坡内面骨架或八木上，以防下滑。

后坡面建好以后，其外有草层保温，可有效地稳定温室的夜温，温室的保温性能优良。

(4) 建造采光面　采光面（前坡面）分有支柱、无支柱两种类型。无支柱类型温室的采光面由前八木（骨架）、钢丝绳（或钢丝）、无滴膜、压膜线组成。

①埋设地锚：在温室两山墙外 100～150 厘米处，开挖深 120 厘米的南北沟，埋入水泥柱或重 50 千克左右的长石块，其上绑缚钢筋（粗度直径 1 厘米左右），第一处埋在温室最高点垂影处，依次向南，每间隔 1 米埋一处，共埋 5 块，土填满后灌水沉实。

②拉钢丝绳：先把地锚钢筋上端弯曲成环状，并用铁丝缠绕扎紧，然后东西方向拉钢丝绳。第一道钢丝绳设在离后坡面的顶端 80 厘米处，第二道与第一道相距 100 厘米，第三道与第二道相距 120 厘米，第四道与第三道相距 150 厘米，第五道与第四道相距 180 厘米。每道钢丝绳都要用紧线机拉紧，再用花篮螺丝固定于温室两端地锚的钢筋环上。最后拧紧两端花篮螺丝，再次拉紧钢丝绳。

③安装骨架（八木）：从使用角度考虑，温室骨架最好用不锈钢管制作，亦可用镀锌铁管制作，其造价虽比前者低，但因其易锈蚀损坏，需涂油漆预防锈蚀。骨架每两架之间相距 100～

120 厘米，北端固定于后墙顶部，中部分别用铁丝绑缚固定于各道钢丝绳上，下端用水泥砂浆灌制埋入温室的前沿土内。

上骨架前，需先在温室前沿挖好土穴，然后放入骨架，待后端即中部全部固定好后，再灌注水泥砂浆，并要预埋钢筋，钢筋长 40 厘米，上端弯曲成直径为 3 厘米的小环，下端折成∟形放入穴内，后用水泥混凝土砂浆灌穴，使钢筋和骨架下端凝固成一体，然后覆土踏实与地面平。钢筋上端的小环要露出地面，位于骨架同侧东南边 10～15 厘米处，以备以后覆膜时拴系压膜线之用。

④安装塑料薄膜：采光面的塑料薄膜，由底膜、主膜、两幅薄膜组成，安装完成后，温室后坡上部至草帘卷北部和温室前部 1.2～1.4 米高处，各有一道通风口（后风口、前风口），便于管理。目前，不少温室只设顶风口，不设前风口，这样做，在管理上带来诸多不便，一旦室内出现高温，只靠顶风口通风，降温困难，即使打开后墙的通风窗口，也难以使温室前部温度降下来，只好扒开底膜，开口通风。这样做，室外冷空气，直吹室内辣（甜）椒，往往会造成室内前部的温度骤然猛降，引起辣（甜）椒叶片失水干枯，带来不应有的损失。

设有前风口的温室，通风时，室外冷空气由 1.4 米处进入室内，因被室内前部上升的热空气迅速加热，避免了冷空气直吹辣（甜）椒现象的发生，而且前风口与顶风口会形成空气对流，促进室内空气循环，利于热空气由顶风口迅速排除，既均匀了室内各部位的温度，又有效地降低了室内温度。

塑料薄膜，要选用透光率高、无滴效果好、耐老化、防尘、保温效果好的多功能膜或聚氯乙烯无滴膜。安装之前，要根据采光面的长宽度，进行裁截加工，处理塑料薄膜。

主膜宽度＝前坡面总宽度＋后坡上部透明部分宽度－底膜埋土以上部分宽度（130 厘米）＋30 厘米（两边缝筒重叠宽度＋后坡压草部分宽度）

塑料薄膜长度，应根据选用的薄膜种类来定，选用聚氯乙烯无滴膜，其长度可比温室长度短 5% 左右，选用多功能复合膜，其长度应与温室长度相同。薄膜裁截好后，要先用电熨斗把薄膜两端的边缘，熨烫加工成 10 厘米宽的缝筒。主膜两条边缘、底膜上部边缘各熨烫加工一道 5 厘米宽的缝筒备用。

安装次序：先装底膜再装主膜。

底膜安装：先把薄膜拉开，并在上端边缘缝筒内穿入一根 12 号钢丝，薄膜两端缝筒内各穿入一根毛竹，把薄膜拉紧压在两山墙外沿，再用铁丝系紧毛竹，拴系于温室两端地锚上，后用紧线机拉紧钢丝，拴系于温

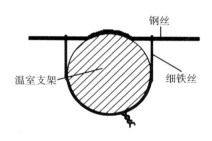

图 8-6　∩形绑缚

室两端的地锚上，再以细铁丝从每根骨架的腹面用∩形绑缚方式，把串入薄膜缝筒中的钢丝固定于骨架上（图 8-6），固定后的钢丝离地面垂直距离 130 厘米左右，并低于所处部位骨架外缘 0.3 厘米左右，后在温室前沿东西向开沟，沟深 30 厘米，沿沟北岸铺设地膜，地膜外覆盖碎草，厚度 20~30 厘米，最后拉紧薄膜，用土将底部边缘压在草层的外边即可。

主膜安装：把主膜拉开，上下边缘缝筒内各穿入一根尼龙绳（粗度直径 0.4 厘米），两端缝筒内各穿入毛竹。拉紧薄膜，分别把毛竹压在温室山墙的外沿处，再各用 4~5 根铁丝，系紧毛竹，拉紧后系结固定于温室两端的地锚上。上端边缘压在后坡中部草质保温层上，距离棚顶 50 厘米左右。后向下拉紧薄膜，让其压在底膜上面，二者重叠 3~5 厘米宽，并把尼龙绳拉紧系于两端地锚上。

为防止薄膜收缩上移，开露风口，可用细尼龙绳，系住薄膜下缘缝筒内的尼龙绳，拉紧后再系于温室前沿地锚上。

⑤拉压膜线：选用圆形钢心线，按温室采光面总宽度＋60厘米长截成段，其数量与温室骨架数量相同，每根骨架旁边压一道。压膜线应先从温室采光面的中部（1/2 处）拉第一道，上端系于后坡面上部预设的 Ω 形钢筋上，下端拉紧后系于前沿地锚铁环上。然后拉 1/4 处和 3/4 处两道，最后分段操作，全部拉紧固定。这样操作，温室采光面薄膜受力均匀，承受压力大。

⑥挖设贮水蓄热防寒沟：在温室内的前沿，开挖一条深 40厘米、宽 30 厘米的东西向条沟，沟的南部边缘、紧靠温室前部边缘处，站立埋设一排深 50 厘米、厚 2～3 厘米的泡沫塑料板（塑料苯板），沟底铺设一层碎草，再用两层旧薄膜将沟底、沟沿全部覆盖严密，后在沟内铺设一条直径为 50 厘米左右的塑料薄膜管（90 厘米宽的双面塑料筒），其长度和温室长度相同。铺设好后，先把塑料管的一端开口用细绳缠紧，并垫高使其高于地面，再从另一端开口灌满井水，后将开口折叠或用细绳缠紧、垫高，不让开口向外漏水。

这样做，前沿的泡沫板能防止温室热量外传，具有良好的保温效果；塑料管内的井水，白天可蓄积热量，夜晚释放热量稳定夜温，还可用于灌溉室内辣（甜）椒，解决了冬季灌溉用水温度低，浇水后降低地温的矛盾。

⑦增设后墙保温层：用普通农膜或换下的旧薄膜，膜宽 3 米左右，长＝温室长度＋2 个山墙长度。先将薄膜两端用熨斗加热，黏结成 10 厘米的缝筒，各插入 3～4 米长的毛竹，将其拉开、拉紧包住后墙与山墙。两端的毛竹，下头扎入地中，入土深30 厘米以上，上头以铁丝缠系，固定于山墙外沿处，薄膜底部边缘埋于墙外土中。然后在墙与薄膜之间的缝隙内填满碎草，使碎草厚度达到 20～30 厘米，再用泥土把薄膜上部边缘埋压于温室后坡上。如此处理后，温室墙体外面有一层良好的保温层，墙体热量不再向外释放，夜晚寒冷时，墙体热量只向室内释放，显著提高了温室的夜间温度，对稳定严寒时期的室内夜温，效果十

分明显。

5. 怎样建造有支柱型温室?

有支柱型温室（图 8 - 7）的墙体，即后坡面、操作房的建造可参照无支柱型温室的建造方式进行。采光面建造步骤如下：

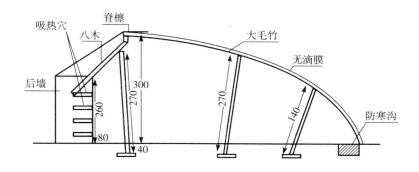

图 8 - 7　有支柱式节能日光温室示意（单位：厘米）

（1）**埋设支柱**　温室支柱由 3 排组成，后排支柱长 300～320 厘米，截面粗 8 厘米×10 厘米，顶端呈 40°斜角，离顶端 5 厘米处，预设一个小孔，以便穿入铁丝，绑缚八木。该支柱埋设于后墙前沿外 80 厘米处，东西方向每相隔 180 厘米立一根，埋深 40～50 厘米，柱下垫石块或砖块，地上部留 270～280 厘米，柱子埋设好后，向北倾斜 3°，全部支柱要求基本处在同一平面上排列，顶端成一条直线。中排支柱，柱长 300～320 厘米，截面积 8 厘米×10 厘米，支柱顶端呈一弧形凹槽，槽下 5 厘米处预留一个细孔，以备穿铁丝固定八木（竹竿）之用。中排支柱立于离后墙前沿 350～360 厘米处，东西方向每相隔 360 厘米立一根，埋深 40～50 厘米，下垫砖块，柱子立好后向南倾斜 7°～10°。前排支柱用长 180～200 厘米、直径 5～7 厘米的硬杂木棍，木棍顶端钻一小孔，以备穿铁丝固定八木（竹竿），该排支柱立于离前缘 140 厘米处，东西方向每间隔 360 厘米立一根，埋深 40～50 厘米，地上留 140～150 厘米，向南倾斜 30°。

3 排支柱立好后，要达到东西方向、南北方向都对齐，处于同一平面内，每排东西方向排列的支柱的顶端，处于同一高度，排成一条直线。

（2）架设前坡面 有支柱型温室的前坡面，由竹竿、铁丝、桐木垫、无滴膜及压膜线组成。建造时分以下 6 个步骤进行：

①埋设地锚：地锚分别埋设于东西山墙之外、北墙外和温室前缘 4 个部位。东西山墙外各埋设 6～8 个地锚，用来拴系前后坡面的钢丝。埋设时在墙外 1.5 米远处，开挖深 1 米的南北沟，沟底埋设水泥柱或大石块，并拴系 8 号铁丝，铁丝上段要露在地面以上，埋土后，灌水沉实。北墙外 50 厘米远处，每相隔 3 米左右，埋设一个地锚，用以拴系稳定压膜线的钢丝。温室前缘的地锚，埋设于温室前沿处，地下深埋 50 厘米以上，用以稳定八木，固定拴系压膜线的钢丝。

②上前八木：前八木要选用节间短、壁厚、尖削度大、大头直径 8 厘米以上、长度达 8 米以上、无裂缝、顺直或呈大弧形弯曲的新毛竹，每间隔 3.6 米架设一根。操作时，先将毛竹的大头锯齐，再钻一个细孔，穿入铁丝，大头向上架设于 3 排支柱的顶端，大头绑缚于脊檩上，中部绑缚于中排支柱顶端的槽口上，前部绑缚于前排木柱的顶端，前端下压埋入温室前沿地下，并用铁丝与埋设的地锚联结，固定牢稳。地锚在前沿埋深 50 厘米以上，用铁丝联结毛竹前端再埋入地下。架设好后，要求每根毛竹成上凸下凹的弯弓形，并处于同一高度，同一弧度，使温室的前坡面形成半弓圆形。

③拉设钢丝：前坡面的八木上面，需拉设钢丝，可选用 10 号镀锌优质钢丝。中柱以北的部分，每相隔 30 厘米拉一道，共拉设 7 道。中柱以南部分，每相隔 40～70 厘米拉一道，共拉设 6～7 道。钢丝要用紧线机搜紧后固着在东西墙外面的地锚上，

再用 16 号铁丝从毛竹下面绑缚固定于毛竹阳面上。

室内亦需要拉 3 道钢丝，用于拴系吊果线，前道在离地面高 1.3 米处，在室内固定于前八木上；中、后两道钢丝分别固定于中、后两排支柱的 1.7 米高处。

温室后坡面的外面、前缘地面上，东西方向各需拉一道 8 号钢丝，拉好后拴系于温室两端的地锚上，以备拴系压膜线之用。后坡面上的一道，用 12 号铁丝与墙后地锚连接，固定于离棚脊 40 厘米处的后坡面上。前缘的一道紧挨地面，与拴系八木的地锚连接，固着于温室前沿的地面上。

④架设棚膜杆：选用大头直径 4 厘米左右的实心毛竹，如长度不足 8 米时，可相互连接，使之达到 8 米左右。棚膜杆，每相隔 90 厘米架设一根，大头钻孔穿铁丝，下垫 5 厘米高的桐木垫，绑缚于脊檩上，下端埋入温室前缘的泥土中。其他部位垫 3～5 厘米高的桐木垫，用 14 号铁丝绑缚，固着于棚面钢丝上。

⑤绑缚桐木垫：用直径 3～4 厘米的桐树棍或厚壁竹竿，截成 3～5 厘米长的木（竹）段，垫在棚膜杆与钢丝之间。操作时，先用 14 号铁丝缠绕毛竹一周，勒紧、拧实，再将铁丝穿过桐木垫的

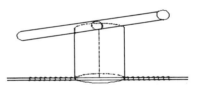

图 8-8　绑缚桐木垫示意

中心髓孔，再次勒紧，拧在 10 号钢丝上，稳固棚膜杆于钢丝之上（图 8-8）。

棚膜杆架设木垫之后，与钢丝之间距离加大，使采光面上的无滴薄膜离开钢丝 8～10 厘米，压膜线压紧后，薄膜不再与钢丝接触，既可防止滴水现象发生，又利于压紧薄膜，使采光面形成波浪形，达到增加透光量和防风的目的。

⑥上薄膜：前坡面的无滴膜，由底膜、主膜、通风膜 3 幅组成。架设方法同有支柱型温室采光面的架设方法。

第二节　温室生态环境条件的调控

1. 温室内的生态环境条件与露地环境条件相比有哪些不同？

温室是在不适宜植物生长发育的严寒季节和恶劣的气候条件下进行辣（甜）椒栽培，由于受外界环境条件的制约，加之设施本身封闭性严密的特点，其生态环境条件已经不同于露地的环境条件，使它具备了多种不适宜于辣（甜）椒生长发育的不利因素。

（1）外界环境条件恶劣，室内外温度差异大、室内气温随高度变化上下之间差异大、地温气温差异大　冬季会经常受到寒流、冰雪、大风、低温，甚至是长期阴冷等恶劣气候的影响，室内气温、地温经常骤然下降。大幅度降温，会引起枝叶和根系生理性障碍现象频繁发生。

室内气温随高度的下降温度逐渐降低，地面处温度一般比室内 2 米高处的温度低 3～7℃，室内辣（甜）椒架面高大时，温度差异更大。白天地温可比空气温度低 7～10℃，10 厘米以下土壤温度更低，20 厘米左右处土壤温度仅 12℃ 左右，地温低，根系活性差是制约室内辣（甜）椒生长发育、产量效益的最主要因素之一。

（2）温室内光照条件差，光照度明显不足　太阳光是一切辣（甜）椒进行光合作用、生产有机物质的能源，也是温室热量平衡之源。辣（甜）椒要维持较高的光合效能，其光照度应达到 3 万～6 万勒克斯。在冬季，太阳的辐射能量，不论是总辐射量，还是辣（甜）椒光合作用时能吸收的生理辐射量，都仅有夏季辐射量的 70% 左右，设施覆盖薄膜后，阳光的透光率为 80% 左右，薄膜吸尘、老化后，其透光率又会下降 20%～40%。因此，设施内的太阳辐射量，仅有夏季自然光照度的 30%～40%，为 2 万～4 万勒克斯，远远低于辣（甜）椒光合作用的光饱和点。倘若阴天，设施内光照度几乎接近于辣（甜）椒光合作用的光补偿点。光照弱、光照时间短，是制约设施辣（甜）椒产量、效益的又一主要因素。

（3）光照分布不均匀，差异显著　一般情况下，温室的前部，采光面屋面角大，阳光入射率高，光照较为充足；中间部分，其光照度可比前部低 10%～20%；采光面的后部，屋面角最小，加之温室的后坡、后墙又遮挡了北部与上部散射光的射入，阳光入射量更低，光照度仅有前部的 60%～70%，如不加以调控，会引起严重减产。

（4）温室封闭严密、室内外空气较少交流或不经常交流，通气不良，会诱发多种不良现象发生

①白天辣（甜）椒进行光合作用时，室内空气中的二氧化碳气体，很快被叶片吸收，由于内外空气流通不便，二氧化碳气体不能及时补充，极易缺乏。缺少二氧化碳，会使光合效能急剧下降，其产品产量、品质都会受到严重影响。因此是否能够及时补充并提高温室（大棚）内的二氧化碳气体含量，是制约温室辣（甜）椒栽培效益的重要因素之一。

②设施密闭，土壤呼吸作用及肥料分解发酵释放出的有害气体，特别是氨气、亚硝酸气体等不能及时排除。此类有害气体在温室内有少量存在，就会对室内辣（甜）椒造成严重危害。

③温室内外空气交流少，空气不流通，土壤蒸发的水分和辣（甜）椒叶片蒸腾排除的水分，都以水蒸气状态积累于室内的空气中，造成室内空气湿度高。

空气湿度高，为各种真菌、细菌、病毒等病害的侵染发展，提供了有利的生态环境，极易诱发病害，而且病害种类多，侵染速度快，发病频繁，防治困难。

2. 怎样改善温室内的光照条件？

（1）适时揭盖草苫，延长见光时间 一般只要太阳显露，就要拉开草苫，日落前后覆盖草苫。要尽量延长辣（甜）椒的见光时间，提高光能利用率。若遇阴雨雪天或寒冷天气，也要适时拉揭和覆盖草苫，一般可比晴天推迟半小时左右拉苫，绝不允许不拉揭草苫。

可能有人担心，天气寒冷时，拉苫后，会引起室内温度下降。实践证明，只要出太阳，拉开草苫后，室内就会因为采光而提高温度，就是阴天，只要不是拉揭草苫过早，室内也会因为吸收大量的散射光而增温。即便拉苫后有短时间的降温，也比不拉苫，或比拉苫太晚好得多。因为辣（甜）椒的叶片只要见光，即便在 $2 \sim 5 \, ℃$ 的低温条件下，也能进行光合作用，只是生产的有机营养少些。如果不拉草苫，辣（甜）椒植株处在黑暗环境中，只能进行呼吸作用，消耗有机营养。黑暗环境时间持续越长，消耗的有机营养物质就越多，对辣（甜）椒的生长发育越不利。如此长期操作，只能是低产、劣质、低效益，甚至引起果秧死亡。

揭苫之后，要及时擦膜，清除薄膜上的灰尘、草屑，保持采光薄膜能有较好的透光性，保障室内良好的光照条件。

（2）张挂反光膜 温室后部光照弱，应在温室后墙与后坡面的内侧张挂反光膜，改善后部的光照条件，提高光合效率。实践证明，温室张挂反光膜后，其后部光照度可增强 20% 以上，使后部的辣（甜）椒增产 10% 以上。

（3）实行南北行向、宽窄行栽种 冬季太阳高度角低，植株之间，相互遮阳重，如实行东西行向栽植，则南行遮阳北行，一行遮一行，光照条件严重恶化。南北行向栽植，行与行之间，见光均匀，宽行又能明显改善辣（甜）椒各单株之间的光照条件，增强光合强度，并利于太阳光直射行间地面，提高土壤温度，促进根系发育，提高根系活性，达到以根壮秧，促进地上部分生长的效果。

实践证明，有效地提高土温，促进辣（甜）椒的根系发育，是越冬栽培能否取得成功的一项极其重要的技术措施。

（4）调整种植结构与密度

①严格控制果秧的高度，保持南低北高、布局均匀的群体结构。室内群体总体高度应限制在温室高度的 3/5 以内，最好把植株高度控制在 1.3～1.5 米，以免架面高，光照条件恶化，降低光合效能。

②适当降低温室北部的栽种密度，由南向北，每行的栽种密度应逐渐降低。栽种辣（甜）椒，南部株距 20 厘米左右，中部株距 25 厘米左右，中北部株距 28 厘米左右，最北边的 2～3 株，株距可扩大至 30 厘米左右，尽力做到群体的单株之间光照均匀。

（5）提高辣（甜）椒植株自身的光合效能

①选用耐弱光或较耐弱光的品种。

②用天达 2116、康凯、芸薹素内酯、光合微肥等喷洒植株，提高辣（甜）椒叶片的光合效能。

（6）人工补光　温室栽培时，如果日照时间太短，应进行人工补光。可在种植带 1/3～1/2 处，每相间 3～4 米，距地面 2 米左右，垂吊 1 个 40～60 瓦的节能灯或白炽灯。盖苫后照至 22:00 前后即可。

3. 温室栽培辣(甜)椒和露地栽培辣(甜)椒其温度变化规律有什么不同？

露地条件下栽培辣（甜）椒，多在春季播种，夏秋收获，其温度变化规律是播种时温度较低，气温多在 15～20℃，随着秧苗的生长发育，气温逐渐增高，进入开花结果期，田间空气温度可高达 28～35℃，土壤温度亦高达 30℃，甚至比空气温度还要高 2℃ 左右。土壤温度高，根系发达，吸肥吸水能力强，能够满足辣（甜）椒开花结果对肥水的大量需求。

温室栽培辣（甜）椒，一般在秋季高温季节育苗，随着秧苗的生长发育，气温逐渐降低，进入开花结果期，正处于严寒季节，虽然室内空气温度也可达到 30℃ 左右，但是仅中午短时间内温度较高，大多数时间处在低温条件下，难以满足辣（甜）椒植株开花结果期对温度的需求。而且温室中空气温度随所处部位高度的下降，温度显著降低，白天其土壤温度又显著低于空气温度，二者相差 7～10℃。土壤温度低，不利于根系的生长发育，根系吸收能力差、活性低，很难满足植株开花结果期对肥水的需求。

地温低、高温时间短，部位高低之间温度差异大，气温、地温受天气变化影响大，变异大，昼夜温差大，这些都极不利于辣（甜）椒的生长发育，必须科学调控，以便满足辣（甜）椒生长发育、开花结果对环境条件的需求。

4. 温室栽培辣（甜）椒，室内温度应该怎样调控?

每种辣（甜）椒都要求一定范围的温度条件，同种辣（甜）椒不同的生育时期所要求的适宜温度亦有差异，只有用最适宜的温度去满足辣（甜）椒各生育期对温度的需求，才能维持良好的生命活动，保证与促进辣（甜）椒的生长发育，提高光合效率，获取高额产量与较高效益。

在露地栽培条件下，辣（甜）椒生长发育最适宜的温度，昼温为 25～32℃，夜温为 12～20℃。在满足辣（甜）椒对温度要求时，必须认识到严冬季节，在温室栽培条件下，其生态环境发生了大的变化，因此，辣（甜）椒对温度的要求也必然有所变化，不会等同于露地环境条件下栽培辣（甜）椒对温度的要求。具体掌握上，进入严冬季节后，应本着上午比露地条件下辣（甜）椒最适宜温度上限高 2～3℃，把温度维持在 25～35℃，阴天时维持在 14～16℃，下午维持在 20～25℃内；上半夜维持在适宜夜温的上限 16～18℃，下半夜维持在适宜夜温的下限

10～12℃。

5. 为什么在严冬季节温室的温度应该比辣（甜）椒需求的适温上限再高 2～4℃？

这是因为：

①温室栽培进入寒冬后，白天土壤 5 厘米深处温度可比室内气温低 7～10℃，夜间比室内气温高 3～5℃，其温度变化范围在 13～23℃。一昼夜当中约有 20 小时的时间土温低于 20℃，比辣（甜）椒根系生长发育最适宜的土壤温度 23～34℃低 8～10℃。较低的土壤温度，不但不利于辣（甜）椒根系的生长发育，导致生根量少，根系吸收能力差，生理活性低，而且还会引起多种生理性病害的发生，甚至于烂根、死根，引起果秧死亡。

而较高的土壤温度，能促进辣（甜）椒根系发育，增加生根量，提高根系活性，促进根系对水分和营养元素的吸收、转化和利用。从而达到促进辣（甜）椒植株地上部分的生长发育，提高成品果产量、品质的目的。

因此在温室栽培中，维持较高的土壤温度，创造适宜根系生长发育的环境条件尤为重要。土壤温度是依靠阳光辐射和空气的热量传递来提高温度的，一般情况下，阳光的辐射强度是相对稳定的，要提高土壤温度，最有效的方法就是提高温室内的空气温度来加热土壤，才能较为显著地提高土壤温度，使土壤温度在较长时间内，稳定在根系发育所必需的适宜温度范围之内，减少和避免低土温对果秧的危害及生理性病害的发生。

所以说，提高温室内的空气温度，维持较高的土壤温度，是温室辣（甜）椒栽培成功与否的最为关键的技术措施。

②植物生理研究结果表明，在一定的温度范围内，光合速率随温度的升高而升高。采用较高温度管理有利于提高辣（甜）椒叶片的光合效能。

③光合速率随二氧化碳浓度的增加而增加，随二氧化碳浓度

的增高，光合适温也会升高。温室栽培中，因大量施用有机肥料，发酵分解释放出的二氧化碳不受室外空气流动的影响，几乎全部留在设施内，其室内二氧化碳浓度显著高于室外，一般可维持在 800 厘米^3/米^3 左右。若再补施二氧化碳气肥，其浓度可高于 1 000 厘米^3/米^3。比自然条件下空气中的二氧化碳含量高 2～3 倍。空气中二氧化碳含量高，不但可显著提高辣（甜）椒叶片的光合速率与光合适温，而且还会对光呼吸产生抑制作用，降低呼吸强度，减少呼吸消耗，从而提高辣（甜）椒呼吸作用与光合作用平衡点的温度，使室内果秧即便在较高温度条件下，也有更多的同化物质积累。

④温室栽培辣（甜）椒，因覆盖地膜，土壤水分蒸发量大幅度减少，土壤水分供应充足，从而加速了辣（甜）椒叶片的蒸腾作用，降低了叶片温度，其叶片温度一般比空气温度低 3～5℃，即使空气温度明显高于光合适温 2～4℃时，其叶片温度仍处在光合作用的适宜温度范围之内。

⑤温室内，白天不同部位的空气温度与所处高度基本成正相关，特别是植株繁茂与架面较高时，由于叶幕层的遮阳作用，由生长点向地面测量，其温度下降梯度十分明显。一般地面温度可比生长点处的温度低 3～5℃，若辣（甜）椒生长点处的温度在34℃左右，那么果秧主体叶幕层的温度恰在 27～32℃，处于辣（甜）椒光合作用的最适宜温度范围内。

⑥适宜的高温可显著降低空气的相对湿度，抑制病害的发生。温室内的空气湿度，随温度变化而变化，在空气含水量相对稳定的情况下，其相对湿度随空气温度的增高而降低。而病害的发生又与空气湿度关系极为密切，绝大多数真菌性病害与细菌性病害，其发病条件都要求有较高的空气湿度和适宜的温度范围，若能把空气的相对湿度降至 70% 左右时，大多数真菌类病害和细菌类病害都较难发生。尤其是在温室栽培条件下，为害最为严重的霜霉病与灰霉病，其发病条件都要求空气相对湿度高于

90％、最适宜温度为 15～25℃，而当温室温度高于 32℃ 或更高些后，二者都难以发生。

鉴于以上原因，并经大量的生产实践证明，进入严冬季节后，温室栽培辣（甜）椒，在增施有机肥料与补充施用二氧化碳气肥的条件下，其温度管理，应根据辣（甜）椒不同的生育阶段（物候期）所要求的最适宜温度范围的上限高 2～4℃ 进行调控。

同时也必须注意，温室内的生态环境气候条件，是随季节的变化而变化的，因此，对温室温度的调控还要根据不同的季节而有所不同。

早秋、晚春、初夏季节，因其室外气温较高、温室的通风量大，温室内与室外的生态条件差异不大，此时期温室温度的调控，应根据露地环境条件下，辣（甜）椒所处的不同生育阶段所要求温度的适宜范围进行调控。随着季节的变化，外界气温、室内地温逐渐下降时，室内温度应逐渐增高，应按辣（甜）椒生长发育各阶段所要求的适宜温度的上限并高 2～4℃ 进行调控。外界气温、室内地温逐渐升高时，室内温度应逐渐降低，最终达到与室外温度基本相同或接近于室外温度。

6. 怎样做才能提高温室内的温度，有效地预防冷害、冻害发生？

在严寒季节，低温特别是低夜温是温室生产的最不安全因素，是造成冷害、冻害，影响辣（甜）椒生长发育的主要制约因素。如何增强辣（甜）椒植株的抗寒、抗冻害性能，提高温室内的温度，维持适宜的昼夜温差，是辣（甜）椒安全生产、获取高产高效的最基本条件。主要措施如下：

①建造一个外有保温保护层、内有完整的防寒沟、砖包复合孔穴墙体、内撑外压、结构合理、透光率高、增温快、保温性能良好的温室设施。

②提高辣（甜）椒自身的抗逆性和自我保护能力。使辣

（甜）椒自身能够具有较强的抗寒、抗冻等抗逆性能。方法有：第一，选用耐低温、抗逆能力强的品种。第二，种子催芽时进行低温锻炼，提高幼苗对低温的适应能力。第三，用天达2116灌根、涂茎、喷洒植株，提高辣（甜）椒自身抗冷冻、耐低温的能力。

天达2116植物细胞膜稳态剂，它不但能促进发根、提高叶片的光合效应、具有极强的增产能力，而且它具有独特的生理作用，能启动辣（甜）椒自身的生命活力，最大限度地挖掘辣（甜）椒自身的生命潜力、生产能力和适应恶劣环境的能力，能显著增强辣（甜）椒植株自身的抗干旱、抗病、抗药害、抗酸雨、抗低温冷害的能力。众多的实际例证说明，天达2116在对栽培辣（甜）椒的低温、冻害及其他灾害的防御上，作用显著，效果明显。在温室使用效果更为显著。具体使用方法如下：首先在秧苗定植时，要用600倍壮苗型天达2116＋3 000～6 000倍96％天达噁霉灵药液灌根，每株100～150毫升。此后再用600倍天达2116＋120倍红糖水＋300倍尿素＋无公害防病用药液，细致喷布辣（甜）椒的茎叶、幼果。每10～15天1次，连续喷洒3～5次。

③起高垄畦栽培，冬季土壤温度低，需阳光辐射土壤表面和室内热空气通过土壤表面传导加热来提高土壤温度。土壤表面积大小是影响土温高低的主要因素。若采用平畦栽培，土壤表面积小，受热面小，接受热量少，土温低，热土层薄。而起高垄畦栽培，可显著增大土壤表面积，土壤吸收热量多，增温快，土温高，热土层厚，蓄积热量多。土温高，不但有利于辣（甜）椒根系的发育、提高根系的活性，达到根深叶茂、生长健壮的目的，而且较高的土壤温度在夜间又能释放较多的热量，稳定夜间温度，减少冷害、冻害的发生。

④全面积覆盖地膜，地膜覆盖后，能显著地提高土壤的温度（表8-4）和保水能力。

表 8 - 4　地膜覆盖对土壤温度的影响（平均值）

时间	土壤 5 厘米深处地温（℃）			土壤 10 厘米深处地温（℃）		
	覆盖	不覆盖	增值	覆盖	不覆盖	增值
8:00	15.3	12.2	3.1	14.8	12.2	2.6
13:00	27.2	23.8	3.4	24.3	21.9	2.4
17:00	20.8	18.5	2.3	19.6	17.3	2.3

　　土壤全面积覆盖地膜后，抑制了土壤水分的蒸发，从而减少了温室热量的损耗，提高和稳定了温室温度（表 8 - 4）。前人的研究结果证明，在 25℃ 左右的条件下，土壤中每蒸发 1 千克水分，需从土壤中吸收 432.5 千焦左右的热量。蒸发的水分还会在薄膜上凝结形成水珠或水膜，把热量通过薄膜传导到室外空气中去，造成热量大量损失。同时采光面上一旦形成水珠或水膜，会对光线产生折射，又会明显降低太阳光的入射率，降低室内光照度，使辣（甜）椒的光合效能下降，并造成室内热量不足。

　　在一般情况下，一个 350 米² 的温室，如不覆盖地膜，每天最少从土壤中蒸发水分 10～15 千克，可损失 24 325～36 487.5 千焦的热量。而这些热量，经测算可使该温室的空气温度提高或下降 7～10℃。因此，全面积覆盖地膜，抑制土壤水分蒸发，不但是降低室内空气湿度，减少病害发生的有效措施，而且还是提高室内温度，维持热量平衡，稳定室内温度，防止辣（甜）椒冻害的最有效措施之一。

　　覆盖地膜时，要做到行间、株间都全面积覆盖严密，不让土壤裸露，而且还要把操作走道、室内前沿全面积覆盖，把因土壤水分蒸发引起的热量损失，减少到最低限度。

　　⑤严密封闭，消除孔隙散热。造成温室孔隙的原因及防止策略：第一是薄膜破碎，俗话讲，针尖大的孔洞，斗大的风，薄膜孔洞在严寒的夜间，可因气体交换而损失掉大量的热量。第二是

因压膜绳拉得不紧，造成薄膜呼扇。薄膜呼扇时能快速吸进冷空气，压缩排除室内热空气，引起室内快速降温。因此，必须把每根压膜绳拉紧、系结实，防止有风时，薄膜呼扇和拉开薄膜之间的压缝，引起内外空气快速交换，造成温室内急速降温。第三是墙体存有缝隙，门窗封闭不严。要注意把每个砖缝、孔隙处理严密，并要把门窗处理好，防止存有缝隙，形成空气对流，引起热量散失。

⑥提高不透明覆盖物的保温质量。在夜晚，室内热量可以通过红外线辐射、与薄膜的传导，使室内热量大量损失，如果不用不透明保温层覆盖，加以保护，则室内温度可下降至 0℃，甚至更低。目前，最常用的不透明保温层有草苫、防水纸被等。用草苫覆盖，要注意选择厚度达 5 厘米左右、编织密度紧密、缝隙极少的稻草苫。否则，如果草苫编织不紧密，显露缝隙，覆盖温室后，夜晚室内热量，可以红外线的形式，通过草苫存留的大量缝隙，辐射传递于室外，使室内温度快速下降，难以保住温度。

用草苫覆盖，遇到雨雪天气，草苫吸水之后，变得非常沉重，既降低了保温效果，又给操作者带来了困难。因此用草苫覆盖，草苫外面还需加盖一层塑料薄膜，这样做，既能防止雨水、雪水打湿草苫，又提高了保温效果，可比单用草苫覆盖，提高温度 2～3℃。

防水纸被是比草苫更为优良的保温覆盖材料，它是用三层防水牛皮纸，内夹一层瓦楞纸制成，其内夹有一层不流通的空气，导热系数极低，并且防辐射传热，用其覆盖，其保温效果可比用草苫覆盖提高室温 5℃左右。也有用棉被进行保温的，其保温效果更好。

⑦点火加温，温室内栽培辣（甜）椒，如果遇到强寒流袭击，室内夜间温度低于 6℃时，则需进行室内点火加温，最好的加温方法是在设施内点燃沼气，每 60～100 米² 设一个沼气炉，通入沼气，并点燃使设施增温。

用沼气加温不但能够提高设施内的温度，而且还可以增加设施内空气中二氧化碳的浓度，能大幅度地提高辣（甜）椒的光合效率与产量。

如果没有沼气设备，可在傍晚采用炉火加温。用旧铁桶，打掉桶底，配上炉条，在桶内燃烧干树枝（木柴）。注意：用炉火加温，其烟气当中含有少量的一氧化碳等有害气体，为避免有害气体超量，危害辣（甜）椒，及高温烘烤植株，操作时，需人工挑着炉子，在温室的操作道上走动燃烧，燃烧的时间不可超过30分钟，而且必须明火、足氧、充分燃烧，以防止有害气体超量，危害辣（甜）椒。

温室内适量、适时燃烧干木柴，不但能随即提高室内温度2～3℃，而且燃烧后产生的二氧化碳，具有温室效应，能减缓室内温度的下降，可使清晨室内的最低温度提高2～3℃，翌日白天辣（甜）椒见光时，二氧化碳是光合作用的主要原料，有利于增强叶片的光合作用，促进产量、品质的提高。

⑧尽力提高白天室内温度，进入严冬季节以后，只要室内温度不高于辣（甜）椒适宜温度的上限3℃，白天就要严禁通风，使温度维持并稳定在较高的范围内，用高气温提高土壤温度，以高土壤温度稳定夜间室内温度，预防低温危害。

⑨在温室的墙体外面增设保温层，方法如下：用普通农膜，或用温室换下的旧薄膜，经裁截加工成膜宽3米左右、膜长＝温室长度＋山墙长度的长幅。将薄膜两端用熨斗加热，黏结成10厘米左右的缝筒，各插入3米长的毛竹或木棍，将其拉开、拉紧包住后墙与山墙。两端的毛竹或木棍，下头扎入地面泥土中，入土深30厘米以上，上头以铁丝缠系，固定于山墙外沿处，薄膜底部边缘埋于墙外土内。然后在墙与薄膜之间的缝隙内填满碎草，厚度30厘米左右，再用泥土把薄膜上部边缘埋压于温室后坡上。

如此处理后，温室墙体外面有一层良好的保温层，墙体热量不再向外散发，夜晚寒冷时，墙体热量只向室内释放，可显著提高温室内的夜间温度，比不设保温层的温室夜间温度提高 3～5℃。对稳定严寒时期的夜温，效果十分明显。

7. 节能温室栽培辣（甜）椒应该怎样进行通风？

温室栽培辣（甜）椒，通风应根据辣（甜）椒的生育特性、生育状况、温室的生态特点、栽培季节和天气状况灵活掌握，通风时间长短、开口大小应依照室内温度、湿度高低而定。在严寒季节晴朗天气时，14:00 之前室温应维持在 30～32℃，室内温度达不到 30℃不进行通风，达到 30℃并继续上升时方可开口通风，通风口大小，应使室内温度稳定在 30～32℃，不再上升亦不能下降为准。

通风应坚持清晨和夜间通风，初通风时绝不可猛然开大风口，以免引起室内温度快速下降，造成"闪苗"现象发生。14:00左右逐渐加大风口降温，通过调整风口大小，傍晚落日时使室内温度维持在 16～17℃；夜晚上半夜维持在 16～20℃，下半夜维持在 12～14℃，最低温度不低于 10℃。在此条件下，可坚持整夜通风，直至翌日 8:30 左右结束。阴天时白天温度维持在 14～18℃，夜温不低于 10℃为好。室内湿度高时，通风时间可适当长些，温度可适当低点。夏秋季节，室外气温高，土壤温度高时，可适当加大通气量，延长通风时间，使白天温度不高于 32℃。要特别注意加大夜间通风量，降低室内温度和湿度，使夜温不高于 20℃，不低于 10℃。果秧旺长时，夜间温度可适当降低至 8～16℃，植株生长势弱时，上半夜温度可提高至 18～20℃，以促进植株的营养生长。

8. 什么是"闪苗"现象？应该怎样避免"闪苗"现象发生？

所谓"闪苗"（亦称"闪秧"）是指辣（甜）椒在高温和较高

湿度的环境条件下，突然开启大口通风，大量的干冷空气快速进入设施内，使室内环境条件骤然突变，辣（甜）椒不能适应，会引起生长点萎蔫，植株上部叶片失水干枯，严重时，还会造成大量的死秧现象发生。这种现象称为"闪苗"。开底风口通风，"闪苗"现象更容易发生。

注意通风时，不开启底口通风。先小开顶风口，后根据室内温度状况，逐步缓缓地加大风口，或开启底风口时要加围裙，围裙高度在100～140厘米，使风不能直接吹到秧苗，就可以避免发生"闪苗"现象。

9. 怎样调控设施内的空气湿度？

辣（甜）椒生长发育所需要的空气湿度为60%～80%，在适宜的湿度范围内，辣（甜）椒生长发育良好，湿度过低，土壤干旱，植株易失水萎蔫；湿度过高，果秧易旺长，并易诱发灰霉病、疫病、炭疽病、细菌性青枯病、软腐病等病害。

温室因其封闭严密，室内空气湿度，一般可比室外露地条件下高20%以上。特别是灌水以后，如不注意通风排湿，往往连续2～3天，室内空气湿度都在95%以上，极易诱发真菌、细菌类病害，并且病害易迅速蔓延，造成重大损失。因此，及时适宜地调控、降低设施内的空气湿度，是温室辣（甜）椒栽培中，必须时刻注意的最为重要的技术措施。具体操作方法如下：

（1）全面积覆盖地膜 覆膜后，土壤水分蒸发受到抑制，其空气的相对湿度一般比不覆盖的下降10～15个百分点。

（2）科学通风排湿，增大昼夜温差 空气湿度，在其绝对含水量不变的情况下，随温度的升高而降低，随温度的下降而升高。根据这一规律，温室栽培辣（甜）椒白天应高温管理，只要温度不超过适温范围的上限（32℃），不需通风，以高温降低空气湿度。如果温度达到30℃并继续上升时方可开启风口。注意风口不可猛然开大，以免"闪苗"现象发生。开口大小以室内温度不上升、不下降为度，决不能开大风口，引起温度急速下降，造成辣（甜）椒生理性障碍和"闪苗"现象发生。

通风要在傍晚、清晨、夜间进行，一般在 14:00 左右，拉开或逐渐加大风口，通风排湿，开口大小以落日时室内温度降至 16～17℃ 为恰到好处，如果天气寒冷，可缩短通风时间，适时关闭风口，维持温度落日时不低于 17℃，放苫后温度达到 17～20℃ 为宜。22:00 时再在草苫下面拉开风口，只要清晨室内温度不低于 12℃，风口尽量开大，一直通风至 8:00 左右。如果清晨温度低于 12℃、高于 10℃，可适当缩小风口，维持温度不再下降，若温度继续下降，可关闭风口，待清晨拉揭草苫时，同时拉开风口，通风排湿，30 分钟后关闭风口，快速提温。

这样做，既可有效地降低室内的空气湿度，又能使夜间温度维持在 10～20℃，扩大了昼夜温差，降低呼吸消耗。而且，较低的夜温能缩短和避开霜霉、灰霉等病菌侵染发展的高湿、适温阶段，可显著减少病害的发生。

通风，还应结合室内湿度与辣（甜）椒的生育状况灵活掌握，如果设施内空气相对湿度高于 80% 时，且辣（甜）椒已经发病，则应以通风、降湿为主要目标。只要室温不低于辣（甜）椒适温下限，可尽量加大通风量，快速降湿，以低湿度和较低温度抑制病害的发生。如果室内湿度在 70% 左右，辣（甜）椒又无病害发生，则可适量通风，使温度维持在辣（甜）椒适温范围的上限（32℃），以便提高地温，促进发根，以根壮秧和增强光合作用。

（3）科学灌水 水是生命的基础，是光合作用的最基本原料。辣（甜）椒缺水，轻者萎蔫，重者枯死。但是灌水必须科学合理地进行，决不能因为浇灌引起室内空气湿度增高，诱发病害发生。

（4）让无滴膜上的流水流到温室外面去 方法如下：安装温室底膜时，以细铁丝，从每根骨架的腹面，用∩形绑缚方式，把穿入底膜上缘缝筒中的钢丝固定于骨架上，固定后的钢丝要低于所处部位骨架外缘 0.3 厘米左右，这样做可使主膜与底膜之间的重叠处留有缝隙，主膜上的流水可以从缝隙中流向室外。从而降低室内湿度。

（5）操作行覆草　覆草能吸收空气中的水蒸气，降低空气湿度。同时覆草还可减轻人员进行操作时对土壤的压力，防止土壤板结，保持土壤疏松透气。而且覆草吸水后发酵，能释放热量和二氧化碳，提高和稳定室内温度，增强光合作用，达到一石三鸟之功效。

10. 节能日光温室辣（甜）椒栽培，应该怎样进行浇水？

灌溉是影响设施内空气湿度的首要因素，如操作不当，会立即引起设施内空气湿度大幅度提高，甚至达到饱和状态。因此在设施内浇水时必须注意做到以下几点：

第一，根据温室辣（甜）椒的栽培特点浇水，在冬春低温季节，土壤温度较低，温室内湿度高，为防止地温降低、室内空气湿度增大而诱发病害，灌水最佳方法是采用地下渗灌或膜下滴灌。渗灌、滴灌具有不板结土壤、不破坏土体结构，土壤孔隙度高，供水均匀，土温变化小，有利于植物根系生长发育等优点。并且渗灌、膜下滴灌又能减少土壤水分蒸发和热量散失，降低温室内空气湿度，有利于防止植物病害发生。如果没有渗灌、滴灌设备可进行地膜下暗灌。切忌一次浇水量过大。

第二，根据温室内辣（甜）椒生长发育规律与需水特点供水，一般辣（甜）椒苗期应适当控制浇水，避免幼苗徒长，影响花芽分化。坐果后，应加强供水，促进果实膨大，提高产量。再者辣（甜）椒根系不发达，既怕涝又怕旱，应小水勤浇，切忌大水漫灌。

第三，根据辣（甜）椒长势决定是否浇水，辣（甜）椒在不同的水分条件下其长势表现不同。水分充足时，生长点嫩绿，缺水时，则生长点叶片小，叶色浓绿，颜色深于下部叶片，一旦植株发生上述现象就应尽快浇水。

第四，根据天气情况浇水。节能日光温室栽培辣（甜）椒，浇水必须在晴天清晨（6:00～9:00）进行，最迟要在10:00以前结束。阴天和下午决不能浇水，因为晴天可以提高室温，能够尽快蒸发掉地表残留水分，并可在中午前后开启大口通风，降低室内空气湿度，不会因浇水使室内空气湿度提高而诱发病害。而在阴天或下午浇水，浇水后不能开大口通风，温室内湿度增大，必然会诱发病害。

第五，要用井水灌溉，冬季除井水外，其他水温度都在0～4℃，这样的水，浇灌辣（甜）椒，会引起地温急剧下降，伤害辣（甜）椒根系，甚至引起冷害现象发生。而井水温度稳定，即便在严冬季节，其温度仍可达到15℃左右。用这种水在清晨浇灌辣（甜）椒，不会引起地温下降。

第六，浇水之前，应先细致喷洒防病药液，保护辣（甜）椒叶片、茎蔓、果穗，以防灌水后，湿度提高而诱发病害。

11. 怎样做才能避免温室采光面滴水现象的发生？

发生滴水现象，一是因为选用的无滴薄膜质量差，蒸发的水分在薄膜内表面上，不是以水膜的方式流下去，而是形成水珠滴了下去；二是因为薄膜上的膜状水向下流动时，遇到了铁丝等建设材料的阻挡，形成水滴，不断地滴下来；三是薄膜伸展不好、有折，阻挡水膜水下流，积水成珠，不断下滴。

设施一旦发生滴水现象，就会提高设施内空气湿度，为病菌侵染发育提供适宜条件。水滴到了辣（甜）椒叶片上，叶片上会形成水膜，直接为病菌的侵染、发育创造了有利的环境条件，会快速引起病害的发生。

要避免滴水发生，一是要选用无滴质量好的薄膜进行覆盖；

二是要把一立一斜式的温室采光面，改建成大弓形（弧形）采光面，避免采用竹竿压膜时，棚膜直接与采光面的铁丝接触，引起大量滴水现象发生；三是覆盖农膜时，要使薄膜伸展，不要有皱折现象发生；四是架设棚膜杆时，要在铁丝与棚膜杆之间，增设一个5厘米高的木段或竹段（图8-8），使棚膜杆高于铁丝5厘米，这样，压膜绳压膜时，薄膜不会接触铁丝，水膜不受阻挡，形不成水滴。而且如此处理后，采光面薄膜会被压成波浪形，增强了抗风、抗压能力，增大了采光面积，室内光照进一步改善，利于辣（甜）椒的光合作用。

12. 为什么温室前沿的土壤总是湿的？如何避免前沿土壤潮湿现象的发生？

前沿土壤潮湿，是因为采光面无滴膜上流下来的水没有被排除到室外，在前沿土壤中累积引起的。前沿土壤潮湿，必然会提高前部的空气湿度，所以病害总是在前沿辣（甜）椒上最先发生。

避免前沿土壤潮湿的方法如下：温室扣膜之前，先要在棚膜的内沿设置防寒沟，沟内的填草要高于温室地面10厘米以上，使之成高垄形，草上覆盖地膜，后在防寒沟草垄地膜的南沿再次覆盖5厘米厚的碎草，然后扣膜。这样，薄膜流下来的水会从薄膜与地膜之间的覆草层内流入防寒沟中，不再流入前沿土壤中，既避免了前沿土壤过于潮湿现象发生，减少了发病；又可以让防寒沟内的碎草，吸水后发酵腐烂、释放热量提高土温，释放二氧化碳，为光合作用提供原料。

13. 温室栽培中有害气体是怎样产生的？对辣（甜）椒有什么危害？怎样防止其危害发生？

在温室栽培中，由于设施密闭，内外空气对流交换少或很少交换，设施内产生的有害气体容易累积，不易排除。经常产生的有害气体有氨气（NH_3）、亚硝酸气体（NO_2），其中氨气最易发生。如果在设施内采用燃烧的方法增温，还容易产生一氧化碳（CO）、二氧化硫（SO_2）等有害气体。使用了有毒薄膜或有毒塑料管还会产生氯气（Cl_2）。以上各种气体在设施内的空气中存有，达到较少的含量就会对辣（甜）椒造成危害。

氨气（NH_3）主要来自土壤中速效氮肥的分解，如尿素、复合肥、磷酸二铵、碳酸氢铵、硫酸铵等，这类肥料遇到高温环境，就会分解挥发，产生氨气，特别是在温室内采用不适当的施肥方式（点施、撒施）追施此类肥料时，极易引起氨气挥发，增加空气中的氨气含量。氨气还来自土壤中未经腐熟的粪肥，如鸡粪、猪粪、牛马粪、饼肥等。这些肥料如果未经充分腐熟，施入土壤中后，经微生物分解发酵，也会释放氨气。当空气中氨气浓度达到 5 毫升/升时，辣（甜）椒就会受到危害，开始时，叶缘组织变褐色，后逐渐转变成白色，或叶肉组织出现褐色半透明坏死斑，严重时，叶片枯死。若氨气浓度达到 40 毫升/升时，辣（甜）椒会受到更为严重的危害，甚至使整株死亡或全部死亡。

亚硝酸气体（NO_2）来自土壤中氮肥的硝化反应，氮肥施入土壤中后，经过微生物的硝化作用，产生亚硝酸气体。温室内如果施用了过多的速效氮肥，极易产生亚硝酸气体，当空气中亚硝酸气体浓度达到 2 毫升/升时，辣（甜）椒就会受到危害，开始表现为叶片失绿，产生白色斑点，严重时，叶脉变白，叶片枯死，甚至于全株死亡。

氯气（Cl_2）主要来源于有毒塑料薄膜或有毒塑料管等。氯气由辣（甜）椒叶片的气孔进入叶肉组织，破坏叶绿素和叶肉组织，开始时，叶缘变白、干枯，严重时整个叶片死亡。

一氧化碳（CO）、二氧化硫（SO_2）来源于在温室中加热增温时煤炭或柴草的燃烧。

为了预防有害气体危害辣（甜）椒，必须做好以下几项工作：

①注意通风换气，及时更新设施内空气。只要室温不是很低，天天都要开启风口，每天最少通气 50 分钟以上。因为土壤肥料 的氨化和硝化反应，总要不断地释放氨气（NH_3）和亚硝酸气体（NO_2），必须通风加以排除，以免其含量超标，危害辣（甜）椒。通风以清晨或夜间最好，可以兼排室内的水蒸气，降低设施内空气湿度，利于防治病害发生。如果室外温度过低，通风会引起室内温度急速下降时，则应适当减少通风，但绝不允许不通风，可每两天左右通一次风，改清晨、夜晚通风为午后通风，时间可以少于 30 分钟。

②严禁在设施内撒施或穴施速效氮肥，如尿素、磷酸二铵、复合肥、碳酸氢铵、硫酸铵等化肥，这类肥料施入土壤中后，如果不能及时被土壤溶液溶解吸收，温度高时易挥发氨气，危害辣（甜）椒。因此应尽量减少施用，如果必须追施时，要结合浇水进行，事先把肥料溶解成水溶液，随水冲施，以防氨气挥发，危害辣（甜）椒。

③施用有机肥料时要充分发酵腐熟，特别要注意不可在设施内盲目大量地施用鸡粪，鸡粪的含氮量高达 1.63%，在设施内每施用 1 000 千克鸡粪就相当于施用了 100 千克碳酸氢铵。每亩温室，一次性施用鸡粪量不可超过 3 000 千克，否则，即便是腐熟的鸡粪也极容易产生氨气和亚硝酸气体，危害辣（甜）椒。

施用鸡粪时，最好事先掺加玉米秸、麦草或其他的碎草充分腐熟，通过发酵让碎草吸收鸡粪中的氮素。这样做既可大大减少鸡粪中氨气的挥发，减少浪费，施入土壤后，又能防止氨气危害发生。追肥操作时，还要严格实行撒肥、掘翻、覆土、浇水、覆膜同步进行，并要在晴天上午、开启风口时进行操作，严防室内氨气积累和提高室内空气湿度。

④注意薄膜质量，严防使用有毒的塑料薄膜覆盖温室、大棚。以免覆盖后释放氯气（Cl_2）危害辣（甜）椒。

⑤室内点火增温时，必须明火充分燃烧，严格控制燃烧时

间，防止一氧化碳、二氧化硫等有害气体超标，危害辣
（甜）椒。

第三节　温室施肥技术与土壤盐渍化的预防

1. 温室栽培辣（甜）椒，土壤施肥与露地环境条件下的土壤施肥有什么不同？

温室栽培中的土壤施肥，不同于露地环境条件下的土壤施肥。

第一，施肥的作用、目的都发生了明显的变化，露地条件下的土壤施肥是以供给辣（甜）椒对各种肥料元素的需求为主要目标，而温室栽培中的土壤施肥，除以上目标外，还担负着供给辣（甜）椒光合作用的主要原料——二氧化碳的任务。因为温室内空气中的二氧化碳难以从空气流通中得到补充，二氧化碳是否充足，成为制约设施内辣（甜）椒产量高低的首要因素。而肥料元素是否充足、配置比例是否合理，虽然仍是制约辣（甜）椒产量的重要因素，但是和温室中的二氧化碳含量相比，已经不是最主要的了。所以在温室栽培中土壤施肥不但要满足辣（甜）椒对各种肥料元素的需求，更重要的是满足辣（甜）椒光合作用对二氧化碳的需求。

第二，随着施肥目标的改变，施用肥料的种类必然随着改变。在露地条件下，有机肥料与各种速效化肥相比，肥效明显逊色。而在设施栽培中，不管是哪种速效化肥，都不能满足辣（甜）椒对二氧化碳的需求，而有机肥料施入土壤中后，经土壤微生物分解，却能源源不断地释放二氧化碳，因此有机肥料成为温室栽培用肥的首选和必需。不论是基肥还是追肥都应施用有机肥料，以便满足辣（甜）椒对二氧化碳的需求。而各种速效化肥特别是速效氮肥，只能适当配合有机肥料施用，且施用量必须严

格控制，决不能施用过多，以免引起土壤盐渍化和发生氨害。

第三，施用方法不同。特别是辣（甜）椒栽种以后，不管是追施有机肥料还是追施化肥，都必须选择晴天清晨进行，做到撒肥、掘翻、浇水、覆膜同步进行，而且操作的同时还需开启通风口。严禁阴天、下午进行追肥操作。否则追肥操作过程中挥发的氨气、水蒸气不能及时排除，会严重危害辣（甜）椒，室内湿度过高还可能诱发病害。追施速效化肥，还需事先溶解成水溶液，随水冲施，以便防止氮素不能及时被土壤溶液吸收，而挥发氨气。

2. 目前温室的施肥操作上，存在着哪些错误或不适当的做法？

目前在节能温室的施肥操作上，普遍存在着以下错误的做法：

一是化肥的施用量过多，有机肥的施用量偏少。这种现象极为普遍，多数菜农仍在沿用露天的管理技术管理温室蔬菜。他们没能认识到，温室内栽培辣（甜）椒，生态环境发生了变化，制约产量高低的主要因素，已由肥料的科学施用，转化为温室温度是否合理，室内空气中二氧化碳含量是否充足。化肥对于这二者是不起作用的，而有机肥料不但能为辣（甜）椒提供各种肥料元素，更重要的是它能源源不断地释放二氧化碳，提高土壤温度。所以在温室内栽培蔬菜，必须以施用有机肥料为主。

二是盲目地增大施肥量，尤其是氮肥施用量过多。甚至有的技术人员在制订技术方案时，竟强调每亩温室施用 $10\sim15$ 米³ 鸡粪＋100 千克磷酸二铵＋100 千克尿素＋100 千克饼肥。部分菜农施肥时，还超过了这个施用量。

这是个什么样的施用量？第一，鲜鸡粪的含氮量为 1.63%，干鸡粪的含量要更高，10 米³ 鸡粪中，共含有纯氮（N）160 千克左右，再加上磷酸二铵、尿素的含氮量，其施用纯氮量超过

200 千克，坐果以后还要不断地追施速效氮肥，纯氮施用量达到 220 千克左右，折合碳酸氢铵 1 300 千克，等于亩施碳酸氢铵 26 袋。第二，辣（甜）椒地特别是老菜地，因其常年施肥量大，次数多，土壤的含氮量普遍较高，化验测知，其全氮（N）量一般为 0.1％左右，碱解氮（N）含量为 150 毫克/千克～200 毫克/千克。25 厘米深的耕作层中，含有全氮量 167 千克/亩，速效氮达到 33 千克/亩左右，是辣（甜）椒实际吸收氮素肥料量的十几倍。

这样大的施肥量，不仅大幅度地提高了生产成本，造成了大量的浪费；更为严重的是：一是它会挥发大量氨气，造成氨害烧叶，引起叶片干边出现褐斑，甚至造成叶片干枯。二是它极大地提高了土壤溶液浓度，碱化了土壤，辣（甜）椒定植后，轻者迟迟不发根，表现为叶片小、叶色浓深，生育迟缓，生长发育不整齐，缺苗断条；严重时，会引起烧根、烧叶，甚至于大量死苗现象的发生。

此外土壤含氮过高，不但还会污染土壤、辣（甜）椒产品，引起辣（甜）椒旺长、推迟结果，还会发生拮抗作用，影响辣（甜）椒对钾肥、钙肥、镁肥等肥料元素的吸收，诱发各种生理性病害。

三是追肥操作时，不开启通风口，或是不能严格执行撒肥、掘翻、浇水、覆膜同步进行的技术规程，往往是先把整个或大部分的肥料撒上，再去掘翻、浇水、覆膜。这样做的后果必然造成温室内氨气浓度过高，危害植株，轻者叶片边缘及叶尖干枯，中等受害者部分叶片干枯，严重者可使植株萎蔫死亡；同时还会造成室内湿度过大，引起病害的发生与蔓延。

四是虽然基肥注意了施用有机肥料，但是追肥仍习惯以速效化肥为主。化肥只能提供几种有限的肥料元素，不能解决二氧化碳供应问题，一旦室内二氧化碳缺乏，光合效率下降，那么速效化肥追施再多，也是毫无意义的。反而，速效化肥追施偏多，特别是氮素化肥施用量偏多，会增大辣（甜）椒产品中硝酸盐、亚硝酸盐的含量，使产品成为对人有害的致癌食品，而不可食用。

温室辣（甜）椒栽培，只有坚持以有机肥料为主，并且经常追施有机肥料，才能为辣（甜）椒提供最全面的肥料供应，不断满足辣（甜）椒光合作用对二氧化碳的需求，避免辣（甜）椒缺素症等生理性病害的发生，避免土壤盐渍化，是既经济，又能增产、增收的最佳途径。

3. 温室栽培辣（甜）椒，基肥为什么不宜多施？

第一，温室是封闭性设施，室内有害气体不易排除，如果基肥施用量偏多，挥发的氨气多，室内辣（甜）椒就要遭受氨气危害，使叶片干边或出现枯斑，严重时会引起叶片枯萎，直至死棵现象发生，造成缺苗断条。

第二，辣（甜）椒在进入开花结果期以前，其吸肥量仅为全生育期吸肥总量的 1/6 左右，此时期土壤肥料不宜多，多了易引起幼苗旺长，影响花芽分化，延迟结果时期。

第三，温室栽培辣（甜）椒，因施肥量较大，一般情况下土壤中各种营养元素并不缺少，缺少的是二氧化碳。而辣（甜）椒对二氧化碳的需求量在幼苗期需用量很少，它是随着植株的生长发育、叶片数量增加逐渐增多的，特别是进入结果盛期后，对二氧化碳的需求量达到高峰。严冬季节温室通气量有限，室内的二氧化碳主要来自土壤中有机肥料的分解释放，有机肥料施入土壤后，其二氧化碳释放盛期在施肥后 10～40 天。大量施用基肥，不但会引起烧苗现象发生，而且释放的二氧化碳因辣（甜）椒生育前期用量很少，绝大多数都白白浪费掉了。进入结果期后，植株光合作用需要的二氧化碳增多，反而因此时期土壤中二氧化碳释放盛期已经过了，二氧化碳供应不足，制约光合作用，光合效能降低，影响产量的提高。

因此基肥施用量不宜过多，应把大量的有机肥料在开花结果后分期陆续追施，以便源源不断地为辣（甜）椒光合作用提供足量的原料——二氧化碳。

4. 温室栽培辣（甜）椒，增施有机肥料有什么好处？怎样施用有机肥料？

第一，有机肥料施入土壤以后，经土壤微生物的作用会转化成腐殖质，腐殖质进一步分解，不但可释放出氮（N）、磷（P）、钾（K）、钙（Ca）、镁（Mg）、硫（S）、硼（B）、铁（Fe）、锌（Zn）、铜（Cu）等肥料元素，供辣（甜）椒不断地吸收利用，而且有机质分解过程中还能不断地释放出大量的二氧化碳（CO_2）和水分。释放的二氧化碳不会被风吹走，全部成为光合作用的原料。因此，在温室内增施有机肥料，可有效地解决设施内栽培辣（甜）椒二氧化碳（CO_2）气体缺乏的问题，使温室内二氧化碳的含量大大高于露天条件下空气中二氧化碳含量，能大幅度地提高室内辣（甜）椒的光合生产率和产量。

第二，增施有机肥料，可以显著提高土壤有机质含量。有机质在土壤中，经土壤微生物的作用转变成为腐殖质（即胡敏酸、富里酸和胡敏素）。土壤中的腐殖质含量虽少，但对土壤性状和植物的生长状况影响是多方面的。

①它能够改善土壤的理化性状，促进团粒结构的生成，增加土壤的孔隙度，调节土壤的水气比例，使土壤的三相（固相、液相、气相）比例和理化性状更趋合理。从而提高土壤的保水保肥能力，改善土壤的通气性能，促进土壤微生物的活动，并使土性变暖。

②它能不断地分解释放二氧化碳和氮、磷、钾、钙、镁、硫等矿质元素，除满足植物光合作用、生长发育对二氧化碳和矿质元素的需求外，还能刺激根系的生长发育，促进扎根，根系发达。

③它在土壤中呈有机胶体状，带有负电荷，能吸附阳离子，

如 NH_4^+、K^+、Ca^{2+} 等，提高土壤保肥能力。

④它具有缓冲性，能够调节土壤的酸碱度（pH）。

有机肥料多种多样，人畜禽粪便、辣（甜）椒秸秆、杂草树叶、各种饼肥、沼气液渣、酒糟、醋糟等，都是良好的有机肥料。

在温室内施用基肥时，每亩土地，可用 $5\sim8$ 米^3 的畜禽粪＋100 千克生物菌有机肥或饼肥，结合整地施入土壤内。

也可以结合整地，翻压切碎的植物秸秆、树叶等，每亩可翻压 500 千克左右或鲜草 1 500 千克左右。为防止秸草发酵分解时夺取土壤中的氮元素，每 50 千克干草中，可掺加 3 千克碳酸氢铵，翻压后，灌透水，地面见干时再整畦。

追肥也应追施有机肥料，一般在门椒坐稳至迅速膨大期开始在操作行中追施，每 $30\sim40$ 天轮施 1 次，特别是冬至前半月左右，气温、地温都将进入最寒冷时期，为提高地温和保障二氧化碳的供应，一定要在操作行中追施有机肥料，每亩追施腐熟粪干 $2\,000\sim2\,500$ 千克或腐熟粪稀 $2\,500\sim3\,000$ 千克。

追肥也可以结合浇水进行，每次、每沟冲施腐熟畜禽粪 $3\sim5$ 千克或腐熟饼肥 $1\sim1.5$ 千克，每 $15\sim20$ 天 1 次。

5. 温室栽培辣（甜）椒，为什么需要施用二氧化碳气体肥料？怎样施用？

任何绿色植物都是通过光合作用生产有机物质的，光合作用的主要原料是水和二氧化碳，二者缺一不可。露地栽培时，二氧化碳由空气供给，大气层是无限的，空气是流动的，二氧化碳可以随时得到补充，取之不尽、用之不竭，永远不会缺少。但是，在温室中栽培辣（甜）椒，生态环境是密闭的，设施内外空气流通受到了严格限制，室内空气中的二氧化碳消耗后，不可能通过大量通气得到及时补充。二氧化碳一旦缺少，光合作用就会因缺少原料而受到抑制。所以必须采用人工措施补充二氧化碳，满足辣（甜）椒叶片光合作用对原料的需求。

事物总是具有两面性的，生态环境密闭，使人工补充二氧化碳的措施得以实施，增施的二氧化碳气体肥料，不受空气对流的影响，可以大部分留在设施内，使设施内的二氧化碳浓度比露天条件下空气中的含量高 2～3 倍，达到 1 000 毫升/升左右。较高浓度的二氧化碳含量可以显著促进辣（甜）椒的光合作用。众多的实践验证，设施内增施二氧化碳气体肥料，可以增产 30％～40％。所以温室栽培辣（甜）椒必须增施二氧化碳气体肥料。

增施二氧化碳气体肥料的方法有多种，易于推广的有以下几种：

①室内燃烧沼气，在室内地下建造沼气池，按要求比例填入畜禽粪便与水发酵生产沼气，通过塑料管道，输送给沼气炉，点燃燃烧，生产二氧化碳气体。

②硫酸—碳酸氢铵反应法：在设施内每 40～50 米² 挂一个塑料桶，悬挂高度与辣（甜）椒的生长点持平，先在桶内装入 3～3.5 千克清水，再徐徐加入 1.5～2 千克浓硫酸，配成 30％左右的稀硫酸，以后每天早晨，拉揭草苫后半小时左右，在每个装有稀硫酸的桶内，轻轻放入 200～400 克碳酸氢铵，晴天与盛果期多放，多云天与其他生长阶段可少放，阴天不放。

碳酸氢铵要先装入小塑料袋中，向酸液中投放之前要在小袋底部，用铁丝扎 3～4 个小孔，以便让酸液进入袋内，与碳酸氢铵发生反应，释放二氧化碳。

注意：必须将硫酸徐徐倒入清水中，严禁把清水倒入硫酸中。以免酸液飞溅，烧伤辣（甜）椒与操作人员；向桶内投放碳酸氢铵时，要轻轻放入，切记不可溅飞酸液；反应完毕的余液，是硫酸铵水溶液，可加入 10 倍以上的清水，用于其他作物追肥之用，切不可乱倒，以免浪费和烧伤秧苗。

③安装二氧化碳发生器，其原理同上。

④点火法，每天 8:00～10:00，用无底的薄铁皮炉子，点燃

碎干树枝（木柴），燃烧释放二氧化碳。注意：炉中干树枝必须明火，旺盛燃烧，尽量减少一氧化碳产生；必须人工挑着火炉在棚内走动燃烧，预防烤苗现象发生。点火法，不但可生产二氧化碳，而且可提高室内温度，降低空气湿度，只要操作正确，增产增收效果显著。操作时，一般每天可点燃两次，一次在傍晚盖苫后点燃，一次在拉开草苫后1小时左右点燃。傍晚点燃，燃烧释放的二氧化碳，具有温室效应，可显著减少室内的热量辐射，能明显提高夜间室内温度，降低室内的空气湿度，对保温、防病和增产效果明显。

⑤行间膜下覆草，定植以后，在行间开沟，沟内撒埋一层15～25厘米厚的碎草，然后再覆盖地膜。草在膜下吸收土壤中的水分后，会缓慢发酵分解，既能不断地释放二氧化碳，提高室内二氧化碳的浓度，促进辣（甜）椒的光合作用；又能释放热量，提高土壤温度，促进根系的生长发育；还能吸收土壤挥发的氨气、水蒸气，消除氨害，降低空气湿度；并能缓冲人们进行作业时对地面的压力，减轻行间土壤板结。

⑥增施有机肥料，有机肥料施入土壤后经土壤微生物分解可以源源不断地向室内空气中释放二氧化碳。

6. 温室栽培辣（甜）椒，追施有机肥料应该注意什么问题？

追施有机肥料要结合灌溉进行，每次浇水冲施腐熟粪肥。肥料会挥发氨气，灌溉会提高室内湿度，为防止氨害发生和室内湿度提高，诱发病害，追肥必须在晴天清晨并开启通风口进行。

追肥还应该在操作行中进行，每次追肥面积要控制在设施总面积的1/5左右，每间隔4～5行追施1行，每6～8天进行1次，轮番操作，30～40天轮施1遍。

操作行中进行追肥，要严格执行开沟、撒粪、掘翻、覆土、浇水、盖膜同步进行，并要在晴天清晨开启风口进行，严禁阴天或中午、下午追肥。以免氨气危害秧苗，和防止增高室内的空气湿度，诱发病害。

7. 温室栽培辣（甜）椒，应该怎样科学施用速效化学肥料？

温室辣（甜）椒栽培，在施肥上虽然应以有机肥料为主，但是科学适量施用速效化肥，仍然是夺取高产的必要措施。施用速效化肥时要依据以下原则操作：

（1）根据化肥的性质施肥 如铵态氮肥的 NH_4^+ 离子易被土壤胶粒吸附，能减少流失，要重点作基肥，可一次性较大量施入，每亩施 50～70 千克。同时要注意 NH_4^+ 离子易变成氨气（NH_3）挥发，应深施，如果作追肥施用，必须事先溶解成水溶液随水冲施。

磷肥中的磷酸根（PO_4^{3-}）离子施入土壤后，接触土壤中的铁离子（Fe^{3+}）、铝离子（Al^{3+}）、钙（Ca^{2+}）等离子，会被其固定而失效，施用时应和畜禽粪便掺在一起，发酵后分层施入土壤中，以提高其利用率和减少与土壤接触而被固定失效。

钾肥易被土壤溶液溶解，且 K^+ 离子流动性大，易被雨水和灌溉水淋溶而流失，施用时应少量多次，重点做追肥施用。钙肥、镁肥、铁肥、锌肥等金属离子施入土壤后，遇到磷酸根（PO_4^{3-}）离子，会被固定失效。施用时应掺加有机肥料发酵后施用，或单独撒施，严禁与磷肥直接接触。

（2）根据土壤性质施肥 碱性地施肥应施用生理酸性肥料，如硫酸铵、过磷酸钙、石膏、硫酸亚铁等，这些肥料中的 SO_4^{2-} 离子可降低土壤的 pH，起到改碱的作用。酸性土壤可施用硝酸铵、硝酸钙、磷矿粉、石灰、钙镁磷肥等生理碱性肥料，以提高土壤的 pH。

（3）根据辣（甜）椒需肥规律施肥 辣（甜）椒易发生缺钙

和缺钾等病症，其中对钾素的需用量显著超过对氮素的需用量，施肥时应增加过磷酸钙与钾肥的施用量，特别是对结果期的追肥应注意钾肥和钙肥的施用。辣（甜）椒苗期吸肥量很少，因而底肥施用量不宜过大，否则易引起辣（甜）椒秧徒长，难以坐果。坐果以后，应加强追肥。

（4）设施栽培应根据温室的栽培特点施肥　温室因其长期施肥量偏多，土壤养分含量普遍较高，一般情况下并不缺少或较少缺少肥料元素。而环境封闭、空气流动性差，二氧化碳极易缺乏。氨气、二氧化氮等有害气体容易积累，因而在施基肥时应注意控制速效氮肥的施用量，适当增大钾肥、磷肥、钙肥的施用量。追肥时要追施磷钾肥、有机肥，不追施或严格控制速效氮肥的追施。并要严格按照操作规程进行，以免氨气挥发，损伤辣（甜）椒。

8. 温室栽培辣（甜）椒，应该怎样施用生物菌有机肥？

生物菌有机肥内含有大量的土壤微生物菌，这些有益微生物能够释放土壤中的不可溶性磷、钙等肥料元素，施用后增效显著。但是，微生物的一切生命活动，都需要适宜的温度、水分和适量的氧气，因此必须在高温闷室以后才能施用，以免闷室时因土温高，使之失去活力。生物菌肥要浅施，入土深度5～10厘米为好，不可深于15厘米，防止深层土壤氧气不足，影响微生物的活性，降低使用效果。生物菌怕阳光、怕干燥、怕被杀菌剂杀死，施用时可结合整地、灌溉、撒肥施用，或直接土壤喷洒，施用后随即耕翻入土壤中，避开阳光，维持土壤湿润，施用后7～10天内禁用杀菌剂，以免杀死有益菌。

9. 温室栽培辣（甜）椒，应该怎样施用饼肥？

饼肥含有丰富的有机质和大量的肥料元素，养分种类齐全，且利用率高达 60％左右，是温室辣（甜）椒栽培基肥和追肥的最佳选择。但是，饼肥发酵时释放的热量大，如果不经过发酵直接施入土壤中，会发生烧苗现象。

不同种类的饼肥其各种肥料元素含量不同，氮、磷、钾比例各异，具体施用时应根据辣（甜）椒对各种肥料元素的需求量，适当掺加适量速效化肥进行发酵后方可施用。例如辣（甜）椒对氮（N）、磷（P_2O_5）、钾（K_2O）的需求比例为 2.7：1：4～5，豆饼的养分含量：氮（N）7％、磷（P_2O_5）1.32％、钾（K_2O）2.31％，其含氮量比例偏高，磷、钾比例偏低，发酵时可掺加硫酸钾和过磷酸钙或钙镁磷肥调整。一般每 100 千克豆饼应均匀掺加过磷酸钙（或钙镁磷肥）5～6 千克、硫酸钾 3～4 千克，生物菌水溶液喷洒拌匀，发酵 10 天左右施用。作基肥每亩撒施或沟施 200 千克左右，作追肥可结合浇水每亩每次冲施 70 千克左右。

10. 温室栽培辣（甜）椒，应该怎样施用鸡粪？

鸡粪是优良的有机肥料，其含氮（N）量高达 1.63％，含磷（P_2O_5）量为 1.54％，含钾（K_2O）量为 0.85％，是各种畜禽粪便中含肥料元素量较高的有机肥。但其氮、磷、钾比例与辣（甜）椒对氮、磷、钾的需求比例不协调，钾素含量偏低，如果用于作辣（甜）椒的基肥或追肥应给予调整。

目前绝大多数菜农在施用鸡粪时，都是先晾晒，后发酵，此做法大量的氮素（1/2 以上）变成氨气挥发掉了，既污染环境，又严重浪费资源。今后施用鸡粪应先掺加玉米秸秆发酵。玉米秸秆含氮（N）量为 0.5％左右，含磷（P_2O_5）量为 0.4％左右，含钾（K_2O）量为 1.6％左右，其钾的含量高，和鸡粪配合发酵后施用，既可调整氮、磷、钾比例，使其趋向合理，又减少氮素挥发浪费，降低成本，做到充分利用资源。

方法如下：先将玉米秸秆铡碎平摊开，摊放厚度 20 厘米左右，向上喷洒生物菌水溶液，接种生物菌，再泼洒鲜鸡粪，待鸡粪不再向玉米秸秆渗漏时，在其上再次摊放玉米秸秆 20 厘米厚，喷洒生物菌水溶液，泼洒鲜鸡粪，如此重复进行 3～4 次，至粪堆高达 80～100 厘米时，用塑料薄膜封闭严密发酵，15～20 天即可施用。

11. 土壤盐渍化是怎样形成的？设施栽培中应该怎样预防土壤盐渍化？

设施栽培中，由于塑料薄膜长期覆盖，土壤本身受雨水淋溶较少，加之不少菜农在设施管理中，大量施用速效氮素等化肥，造成土壤中盐基不断地增多、积累，使土壤的盐碱含量不断提高，形成土壤盐渍化。

土壤盐渍化以后，会大大影响辣（甜）椒的生长发育，甚至造成室内辣（甜）椒的大量死亡、无法生存，最终不得不终结设施栽培。这种现象，已经为众多的实践所验证。

但是土壤盐渍化并非设施栽培的必然规律，而是错误操作造成的。

预防土壤盐渍化，应注意做到以下几点：

①注意增施生物菌与有机肥料，减少速效化肥的施用量，特别要减少氮素化肥的施用量，即便是追肥也要坚持施用腐熟的有机肥料，追施粪稀、粪干、饼肥等。

②进入 5 月中下旬以后，要撤去棚膜，让自然降雨淋溶土壤，减低土壤中的盐基含量。

③坚持使用天达 2116 提高辣（甜）椒本身的适应性、抗逆性，增强其对土壤盐碱的适应能力。

只要如此坚持下去，设施土壤，就不会发生盐渍化。对于已经盐渍化的土壤，要采取雨季灌水淋碱，增施石膏、过磷酸钙、硫酸亚铁、醋糟、酒糟等酸性肥料，大量增施生物菌与有机肥料，进行改良。

第四节　节能日光温室无公害辣（甜）椒栽培病虫害综合防治技术

1. 为什么温室中栽培辣（甜）椒发生的病害种类多？发病重？难以防治？

在温室内栽培辣（甜）椒，设施封闭性能良好，病虫害不容易传播，只要技术措施得当，病虫害比露地栽培显著减轻，甚至可以做到不发生病虫为害。那么为什么病虫害日趋严重呢？其主要原因如下：

第一，温度、湿度管理失误，目前绝大多数菜农早晨、夜晚封闭风口，多在 10：00 左右开始通风，或温度达到 28～30℃时通风，通风时又开大口，结果室内温度下降至 25℃左右，室内温度低、夜间空气湿度高。而温室辣（甜）椒发生的大多数真菌性病害和细菌性病害，其发病的适宜温度多在 15～26℃，空气湿度需达 90% 左右。如此管理，夜间室内湿度高，起雾、结露，白天室内温度长时间处于 20℃左右的低温高湿环境条件下，恰巧适宜灰霉病、白粉病、疫病、多种细菌性病害的发生与发展，所以病害必然多发。

第二，低温管理造成土壤温度低，土壤温度长期处于 13～20℃，甚至更低。土壤温度低影响辣（甜）椒根系发育，根系活性和吸收能力差，植株抗逆性差，特别是抗病性差，病害容易发生。

第三，大多数菜农不注意消灭和控制病虫源，几乎所有的温室，室外都散放有病虫叶、病虫果、秧蔓等病残体，这些植物病残体，会不断释放病菌和害虫，如不及时深埋、沤肥或烧毁，让其存于温室的周围，就会不断地向外释放病菌、虫害。操作人员从旁经过，身上会带有病菌，进入温室后会传染给室内辣

（甜）椒，引起发病。温室通风时，病菌、害虫还可从通风口传入，为害辣（甜）椒，所以发病重。

2. 目前温室辣（甜）椒栽培，在病虫害防治方面还存有哪些问题？

随着温室栽培面积的不断扩大，辣（甜）椒栽培逐步增多，其病虫害的种类也迅速发展，为害程度日趋严重。在病虫害的防治上，也存在着诸多问题。

①大多数菜农在病虫害的防治上单纯依靠化学防治，只注意喷洒农药治病、灭虫，不注意运用农业、生态、物理等综防措施，不注意提高辣（甜）椒自身的抗逆性、适应性，使辣（甜）椒自身对病虫为害产生较强的免疫力。例如，到目前为止，大多数温室还没有使用天达2116、康凯等。殊不知使用天达2116等后，能显著提高辣（甜）椒自身对病虫为害及各种恶劣的环境条件的适应性和抗逆性，对病害产生较强的免疫力，不得病、少得病。既减少了用药，降低了成本，又提高了产量、品质，增加了经济效益。

②大多数菜农不注意或极少注意封闭温室，各温室之间的操作人员经常相互串走，随便进入对方温室，给病菌、害虫的传播提供了方便、提供了媒介。结果是一室得病，全村传播，无一温室能够幸免。

③不少菜农不实行轮作，多年来只栽培辣（甜）椒一种蔬菜，每年换茬时又不注意实行高温闷室铲除室内病菌和虫害，造成多种病菌、害虫在室内长期滋生发展，特别是根结线虫的大量发生，给温室的病虫害防治增加了困难，增加了用工，提高了成本。

④多数菜农用药时不讲科学，不问病虫害种类，不管药品性质，几种农药胡乱混配，并随意提高使用浓度。这种做法不但不能有效地防治病虫害，反而对辣（甜）椒本身造成了严重的药

害。笔者考察，发现 90％以上的温室辣（甜）椒都有不同程度的药害发生，这种现象的发生，严重影响了辣（甜）椒正常的生长发育，引起了辣（甜）椒产量的急剧下降，造成温室栽培投资高而经济效益低下。

⑤多数菜农不注意及时处理辣（甜）椒的病残体，病叶、烂果及植株残秧随意乱扔，室外到处都是病残体，这些病残体每时每刻都在释放病菌，结果使周围温室内的病害防不胜防。

以上种种不合理的做法数不胜数，长期以来，它不但不能有效地防治病虫为害，反而大幅度地提高了温室栽培的成本，增加了用工，降低了产量和经济效益。

3. 温室无公害辣(甜)椒栽培，应该怎样进行病虫害综合防治?

针对温室设施封闭严密，便于隔离的特点，栽培辣（甜）椒时，为防止和减少病虫害的发生，及时、快速地消灭病虫为害，有效地控制病虫害的扩散与蔓延，必须认真全面地执行"预防为主，综合防治"的植保方针，认真贯彻好植物检疫条例精神，搞好农业防治、物理防治、生物防治、生态防治和化学防治等综防措施，才能经济有效地防止病虫害。

①实行轮作、深翻改土，结合深翻，土壤喷施免深耕调理剂，增施生物菌或生物菌有机肥料、磷钾肥和微肥，适量施用氮肥，改善土壤结构，提高保肥保水性能，促进根系发达，植株健壮。

②选用抗病品种；种子严格消毒，培育无菌壮苗；定植前 7 天和当天，分别细致喷洒两次杀菌杀虫剂，做到净苗入室。

③定植后 10 天根基浇灌旺得丰（侧孢芽孢杆菌）奇多念（毛壳菌）等生物菌液，改良土壤，抑制病菌生长发育，提高辣（甜）椒根系活性，减少病害发生。

④栽植前实行高温闷室，铲除室内残留病菌与害虫，栽植以

后，严格实行封闭型管理，防止外来病菌侵入和互相传播病害。

⑤结合根外追肥和防治其他病虫害，每 10～15 天喷施 1 次 600 倍天达 2116 或芸薹素内酯或康凯，并要坚持始终，提高辣（甜）椒植株自身的适应性和抗逆性，提高光合效率，促进植株自身健壮。

⑥增施二氧化碳气肥，提高营养水平，调控好植株营养生长与生殖生长的关系，全面增强抗病能力。

⑦全面覆盖地膜，加强通气，调节好温室的温度，降低空气湿度，使温度白天尽力提高至 30～35℃，夜晚维持在 12～18℃，空气湿度控制在 80% 以下，以利于辣（甜）椒正常生长发育，不利于病害侵染发展，达到防治病害的目的。

⑧注意观察，发现少量发病叶、病果、病株，立即摘除深埋，发现茎秆发病，立即用 200 倍 70% 代森锰锌等药液涂抹病斑，铲除病原。

⑨定植前要搞好土壤消毒，结合翻耕，喷洒 4 000 倍 99% 天达噁霉灵药液 50 千克/亩，或撒施 70% 敌克松可湿性粉剂 2.5 千克，或 70% 甲霜灵·锰锌 2.5 千克，杀灭土壤中残留病菌。

定植后，注意喷药保护。

如果已经开始发病，可针对病害种类选用相应的药剂，连续、交替喷洒迅速扑灭。

4. 温室栽培辣（甜）椒，应怎样贯彻植物检疫条例精神？

植物检疫条例是农业生产的保护神，在节能日光温室内栽培辣（甜）椒，认真执行条例的有关精神，更有利于设施内病虫害的防治。

①温室与外界环境要严格隔绝，进出温室要随即关门落锁，封闭温室，严禁来访的无关人员等进入室内，严禁操作人员之间相互串走，以免为病虫害传播提供媒介。

②室内应开顶风口通风，并在风口处增设防虫网，严防害虫从通风口进入室内。不开启温室底口通风，防止室外病菌、虫害随着通风气流进入温室。

③温室内一旦发生病虫为害，应坚决彻底地铲除，以防蔓延。对受病虫为害的病株残体，要及时清除深埋，严禁乱扔乱放，以免为病虫害传播提供方便和媒介。

④从外地调种调苗，要严格执行检疫手续，认真做好消毒工作，严禁危险性病虫草害传入，以免带来不应有的损失。

⑤辣（甜）椒幼苗定植之前，要细致喷洒杀菌灭虫剂，做到净苗入室，以防栽植时把病菌和害虫带入室内，造成不应有的损失。

5. 温室栽培辣（甜）椒，怎样做好农业防治？

农业防治措施是指通过平时所进行的各种农业技术措施防治病虫害。农业防治一般不需要额外的费用和用工，且其效果长久，对人畜安全，又不会造成对环境的任何污染。

农业防治是一篇大文章，只要在进行每项农业技术措施时，都把病虫害的防治措施贯彻进去，就可取得事半功倍的效果。

（1）实行辣（甜）椒与其他农作物的轮作和合理间作 轮作对多种病害和食性专一或比较单纯的害虫可以起到恶化其营养条件的作用，能有效地防止这些病虫害的扩散、蔓延。如辣（甜）椒与叶菜类轮作，与葱蒜类、豆类轮作都可以显著地减轻病虫为害。因而在安排温室辣（甜）椒种植计划时，应严禁辣（甜）椒一种作物连作，要合理搭配，实行间作套种、立体种植，这样做不但可以充分利用土地、空间，增加经济收入，还可以大大减轻蚜虫和其他一些病虫的为害。

（2）选用抗病力强的优良品种，可显著减少病虫为害 如选用 1134、寿光羊角黄等高抗病品种，可大大减少病害的发生。

（3）深翻改土，增施生物菌与有机肥料，实行测土配方施肥

根据土壤中各种肥料元素余缺状况，合理增施磷、钾肥和微肥，减少速效氮肥的施用量。

深翻改土，增施生物菌与有机肥可以改善土壤理化性状，提高土壤肥力和通气性，促进根系发达。促进辣（甜）椒根系发达、生长健壮，其适应性、抗性和对病害的免疫力会明显增强，较难感染病害，不得病或少得病。

适当增施磷、钾肥和微肥，减少速效氮肥用量，可起到平衡施肥的效果，能够减轻硝酸盐类对辣（甜）椒和土壤的污染，有效地提高辣（甜）椒对多种病菌的抗性，减轻病害发生，特别是一些生理性缺素病的发生。

（4）喷洒天达 2116　从幼苗期开始，结合防病、灭虫和根外追肥用药，每 10 天左右喷洒一次 600 倍天达 2116，提高辣（甜）椒自身的适应性、抗逆性和免疫力。既可促进辣（甜）椒营养体的生长发育、增强光合效率、提高商品产量与品质，又能达到少喷药、减少投资、减少发病、大幅度提高防治效果的目的。

6. 温室栽培辣(甜)椒，怎样用物理措施进行病虫害防治？

物理防治措施是利用各种物理因素（光、热、电、温和放射能等）来防治害虫。

（1）高温闷室　辣（甜）椒拔秧前先撒去地膜，浇足底水，待墒情显干时松动土垄后拔秧，可把绝大多数毛根清除地外，减少病菌和根结线虫残留量。然后用 2 000 倍 2%阿维菌素细致喷洒苗穴，消灭残留根结线虫、卵和病菌。拔出的果秧剪掉根部，棚外烧毁，消灭根结线虫，余下的果秧就地铺设在操作行沟内，再将果垄土壤覆盖其上。然后清擦好温室膜，补好棚膜破碎孔洞，再在室内分 3～4 堆点燃硫黄粉 2.5～3 千克/亩，洒 85%敌敌畏 500 毫升（或点燃 45%百菌清烟雾剂 1 千克/亩，灭蚜烟雾剂 500 毫升）。点火后立即严密封闭温室，高温闷室 10～15 天。闷室应在 8 月底以前完成，这时气温较高，闷室后室内温度可达 70℃以上，土温可达 60℃左右，能较彻底地消灭温室内残存的病虫害。

（2）诱杀和驱避措施　在室内吊挂黄色胶板，上涂掺加杀虫剂的黏性油，可利用白粉虱、斑潜蝇、蚜虫等害虫的趋黄特性，集中诱杀，从而显著减少室内白粉虱等害虫的为害。

在温室内吊挂银灰色薄膜条或铝光膜条，在温室后墙上张挂铝反光膜，地面覆盖银灰色薄膜，不但可以改善温室内光照条件，提高光合效率，而且还可以驱避蚜虫，效果达到 80%以上。

7. 温室栽培辣（甜）椒，怎样进行生态防治？

生态防治措施是利用改变生态条件进行病虫害防治的措施。

辣（甜）椒和病菌都要求一定的生态条件，只有当环境条件适宜时，它们才能得以生存和发展，不同种类的病菌和寄主辣（甜）椒之间对生态环境条件的要求总有差异之处，可以利用这个差异，选择不适宜病菌生育而适宜或基本适宜辣（甜）椒生育的生态条件，从而达到抑制病菌发展，防止病菌侵染传播的效果。例如，可以通过覆盖地膜、通气等办法把温室内湿度降至 70%左右；调节室内温度和湿度，上午把温度调到 30～32℃，下午通气排湿降温，调到 23～27℃，上半夜维持室温 16～20℃，22：00～23：00 开口排湿降温至 10～14℃。这样的环境条件有利于辣（甜）椒的生长发育，不利于灰霉病、疫病等病害的发生与发展，从而可以起到控制病害发生的良好作用。

8. 温室栽培辣（甜）椒，进行化学防治时要注意哪些问题？

为提高防治效果，做到无公害、绿色、有机化生产，在进行化学防治时应注意做到：

（1）科学选药，对症下药　选择高效、低毒、安全、无污染的农药，合理配药，切勿随意提高施用倍数和几种不同性质的农药胡乱混配，以免发生药害、造成药品失效。例如，含铜、锰、锌等成分的农药，与含磷酸根的叶面肥混用，则铜、锰、锌等金属离子会被磷酸根固定而使农药失效。

（2）交替使用农药　切勿一种农药或几种农药混配连续使用，以免产生抗药性，降低防治效果。

（3）切勿重复喷药，以免发生药害。

（4）灭虫时应尽量选用生物农药　如苏云金杆菌、青虫菌、杀螟杆菌、白僵菌等，或者选用25%天达灭幼脲3号、20%虫酰肼等，这类药品对人、畜、禽安全，不污染环境，对有益昆虫无杀伤力。对害虫不产生交互抗性，其选择性强，既能保护天敌、维护生态平衡，又能有效地控制害虫为害。

（5）提高配药质量和喷药质量　用药时应科学地掺加天达2116、有机硅等增效剂，以提高防效。只要不是碱性农药，掺加天达2116后，不但可以提高植株抗性与防治效果，而且可以减少药品的使用量和喷洒次数，起到事半功倍的效果；掺加有机硅可以显著提高药剂的展着性、渗透性，浸润性，提高防效。

多数病菌都来自土壤，且叶片反面的气孔数目明显多于正面，病菌很容易从叶片反面气孔中侵入，引起发病。因此，喷药时要做到喷布周密细致，使叶片正反两面、茎蔓、果实、地面，都要全面着药，特别是地面和叶片反面，更要着药均匀。

（6）用药应及时、适时，真正做到防重于治　每种药品都有一定的残效期，如果用药间隔时间太长，势必给病虫提供可乘之机，对辣（甜）椒造成危害。

（7）消灭病虫要做到彻底铲除　温室栽培与大田栽培不同，因其封闭严密，在灭虫、防病时要做到彻底干净，坚决铲除，以免留有后患。例如，防治白粉虱、美洲斑潜蝇和蚜虫时，可用杀虫烟雾剂熏蒸，每亩温室 300～500 毫升，每 5～7 天 1 次，连续 2～3 次，将其消灭干净，以免残留害虫，为以后防治带来困难。又如在辣（甜）椒灰霉病初发病时，仅有少量病株和叶片，可用高倍数农药喷洒病斑，将病菌彻底消灭，以免造成再次侵染。只要用药合理、防治及时、细致，喷药周密，即可有效地防止病虫为害。

（8）温室栽培辣（甜）椒，严禁使用高残留、剧毒、"三致"农药 例如，呋喃丹、对硫磷、氧化乐果、久效磷、甲胺磷、甲基异柳磷、杀虫脒等。确保人民群众的身体健康与生命安全，避免以上药品污染辣（甜）椒产品和环境。

9. 温室栽培辣（甜）椒，经常发生的土传病害有哪些? 怎样防治?

在节能温室中栽培辣（甜）椒已经发现的病害有数十种，经常发生、为害比较严重的有近 10 种，在这些病害当中，绝大多数是真菌性、细菌性病害和部分病毒性病害，例如发生最为普遍、为害最为严重的灰霉病、疫病、枯萎病、蔓枯病、苗期猝倒病、立枯病等真菌性病害和多种细菌性、病毒性病害，其病菌都是在土壤中或借助病残体在土壤中越冬。这些病害的初次侵染，几乎都是来自温室内的土壤。所以说，是否能够预防和控制住土传病害，是节能温室辣（甜）椒栽培成败的关键。

防治土传病害，必须认真实行"以防为主，综合防治"的植保方针，切实做好以下工作：

①利用温室封闭性能好的特点，在暑季室内辣（甜）椒换茬时，采取高温闷室等技术措施，铲除室内土壤中残留病菌，净化土壤，力争室内无菌，杜绝以上各类病害的初次侵染。

②注意肥料卫生，严防带菌肥料进入温室；施用的有机肥料，必须经过生物菌发酵、充分腐熟，高温处理，并用 4 000 倍 99% 噁霉灵或其他高效杀菌剂细致喷洒杀菌后，方可施用。

③管理人员入室，要在室外的操作房中更换鞋袜和工作服，防止衣物、鞋袜带菌入室；操作房地面要撒石灰消毒，鞋袜和工作服要勤洗勤晒、杀菌消毒；人员入温室后，要随手关门落锁，严禁外来人员，特别是其他温室的管理人员进入室内，以防其他温室病害交互感染和室外病菌侵入温室。

④培育壮苗，育苗时，要选用无菌基质配制营养土，并用4 000倍99％噁霉灵或其他高效杀菌剂细致喷洒营养土，彻底杀灭土内残存病菌。

此外为数不少的病害，由种子带菌，育苗前需用4 000倍99％噁霉灵或1％高锰酸钾或10％磷酸三钠等药液浸种10～30分钟，杀灭病菌。

建苗床时，要在营养土下面铺设沙砾或小石子，底部铺薄膜，实行膜上土下渗灌，并调控好苗床光照、温度，搞好病虫害防治，促成壮苗。

⑤秧苗移栽时，需用4 000倍99％噁霉灵（或其他高效杀菌剂）＋2 000倍2％高效氯氟氰菊酯（或2 000倍2％阿维菌素）细致喷洒苗床和秧苗，做到净苗入室。栽后及时用1 000倍壮苗型天达2116＋4 000倍99％噁霉灵，或500～1 000倍旱涝收＋4 000倍99％噁霉灵灌根，每株100～200毫升；10天后再以1 000倍天达2116壮苗灵＋1 000倍旺得丰土壤改良剂或奇多念等生物菌水溶液灌根，促进根系发达，抑制病原菌生长发育，提高植株抗性；以后结合根外追肥和防病用药，掺加600～1 000倍天达2116或植物基因活化剂或康凯药液喷洒植株，每10～15天1次，连续喷洒3～5次。促进营养体的生长发育，提高光合效率，增根壮秧，增强植株的抗病性和适应性，使之减少发病或不发病。

⑥实行轮作，恶化病菌的生态条件，减少侵染；增施生物菌有机肥料、磷钾肥料和微量元素肥料，调整好植株营养生长与生殖生长的关系，维持植株健壮长势，提高辣（甜）椒植株的抗

病性。

⑦科学调控室内温度与湿度，白天室内温度维持在 30～32℃，清晨、夜晚只要室内温度不低于 10℃，要坚持整夜通风，降低室内空气湿度，预防室内起雾、结露，创造不适于病菌侵染发展而适于辣（甜）椒生长发育的环境条件。

⑧一旦发现病害，要针对病害种类，立即采取果断措施，对症下药，坚决彻底铲除，决不可让其滋生、蔓延。

10. 温室栽培辣（甜）椒，经常发生的细菌性病害有哪些？怎样防治？

细菌性病害是不同于真菌性病害的另一类病害。在温室栽培辣（甜）椒经常发生、为害比较严重的有辣（甜）椒青枯病、疮痂病、软腐病、细菌性叶斑病等。

细菌性病害，几乎全为土传性病害，在防治上应严格实行土传病害的综合防治措施。

此外细菌性病害又不同于土传真菌性病害，植株一旦染病，多是整株感染，且病情发展迅速，很快致死。因此要注意观察，一旦发现病株，要立即用药，不可间断，每天 1 次，连续喷洒 3～4 次，及时扑灭；或清除深埋，防止其散发病菌，传染其他植株，并要对尚未表现症状的果秧立即喷药预防和治疗。

对细菌性病害用药，长期以来，多用农用链霉素、可杀得、甲霜铜等。笔者发现，由于长期使用此类药品，多数细菌性病害已经对其产生了很强的抗药性，再用这类药品进行防治，效果甚差，已经难以控制病菌为害。通过施用诺氟沙星 600 倍液、天达诺杀 1 000 倍液、庆大霉素 2 000 倍液、小诺霉素 2 000 倍液等，每天 1 次，连续喷洒 3～4 次，防治效果甚好。此外，康地蕾得 500 倍液、特效杀菌王 2 000～3 000 倍液、23％络氨铜 400～500 液等药液灌根或喷洒防治，每 3 天 1 次，连续 2～3 次，其预防效果良好。

11. 温室栽培辣（甜）椒灰霉病发生严重，应怎样防治？

灰霉病是设施栽培辣（甜）椒的主要病害之一，一旦发病无论苗期还是结果期，都是危害惨重的一种病害。

主要症状：辣（甜）椒幼苗发病，初期子叶先端变黄，逐渐扩展到茎部，产生褐色或暗褐色不规则病斑，叶片发病，由叶尖向内呈 V 形扩展，病斑初呈水渍状，边缘不规则，后呈茶褐色，空气湿度高时，表面生有灰色霉层；茎部发病，病部淡褐色，随着病部扩展，上端茎叶枯死。结果期发病，门椒或对椒先发病，表现在幼果顶部或者蒂部形成褐色水渍状病斑，同时凹陷腐烂，暗褐色，表面附有灰色霉层。

发生规律：温室中栽培辣（甜）椒，或者苗期所发生的灰霉病，和番茄等其他蔬菜发生的灰霉病是同一种病害，其病原菌都是灰葡萄孢（*Botrytis cinerea* Pers.）属半知菌亚门真菌。灰霉病病菌可形成菌核在土壤中或以菌丝、分生孢子在病残体上越冬。

灰霉病初次侵染多来自土壤，也属土传性病害，但是灰霉病有其自身的独特规律，病菌发育最适宜温度为 18～23℃，最低温度为 4℃，最高温度为 32℃，低于 8℃、高于 30℃，难发病。灰霉病对空气湿度要求高，只有在连续湿度达 90% 以上时，才易发病，在露地条件下极少发生。温室栽培，因室内空气湿度高、温度适宜，才成为发生普遍、为害严重的主要病害。灰霉病病斑上生有大量的灰褐色霉菌，只要空气流动，病菌就可以大量的随风传播，进行再次侵染，温室内的农事活动是主要传播媒介。

防治措施：要有效地防治辣（甜）椒灰霉病，需认真执行土传病害的各项综防措施，同时还必须搞好生态防治与及时清除病原工作。

在生态防治上，要利用温室封闭的特点，创造高温、低湿的生态环境，抑制灰霉病的发生与发展。温室夜间室内湿度多高于90％，清晨拉苫后，要随即开启通风口，通风排湿，降低室内湿度，并以较低湿度控制病害发展。9：00 左右室内温度上升加速时，关闭通风口，使室内温度快速提升至 32℃，并尽力维持在 30～32℃，以高温降低室内空气湿度，控制该病发生。14：00 后逐渐加大通风口，加速排湿；盖苫前，只要室温不低于 16℃，要尽量开大风口。放苫后，可在 22：00 前后，再次从草苫的下面开启风口，开启风口的大小，只要清晨室内温度不低于 10℃，应整夜通风，风口尽量加大。

及时清除病原也是防止辣（甜）椒灰霉病的有效措施。在室内工作时要身带塑料袋，发现有病果、病花、病叶片立即用塑料袋套上后再摘除，并封闭袋口，随即在操作行中深埋，严防病菌随风传播。

化学防治：可用 50％凯泽水分散剂 1 500～2 000 倍液，或 10％苯醚甲环唑 2 000 倍液，或 25％阿米西达 2 000～3 000 倍液，或农利灵 800 倍液，或菌核净 600 倍液，或多抗霉素 600 倍液，或扑海因 1 000 倍液，或速克灵 800 倍液等喷洒。注意以上药剂需掺加 600 倍天达 2116＋3 000～6 000 倍有机硅＋100 倍发酵牛奶＋300 倍硝酸钾混合液交替喷洒防治，以提高防治效果，防止产生抗药性。

12. 辣（甜）椒白粉病在温室栽培中为害严重，应该怎样进行防治？

白粉病在节能温室辣（甜）椒栽培中发生普遍、为害严重，多数菜农反映，此病难以防治，只要发生，不论打什么药都极难防治。

症状：此病主要为害叶片，发病初期叶片背面和正面产生白色圆形粉状斑点，逐渐向外扩张，形成无一定边缘的大白粉斑，多个大粉斑逐渐连成一片，形状不定性，直至整个叶片布满白粉。

辣（甜）椒白粉病是真菌性病害，以闭囊壳随病残体在土壤中越冬，或以菌丝体和分生孢子在保护地中的寄主上越冬，分生孢子借气流或风雨传播，分生孢子萌发最适宜温度为 20～25℃，限温为 10～30℃，温度在 16～24℃ 时发病最为严重。空气湿度对其不是制约条件，在 25% 的低湿度条件下也可发病，但是在适宜温度条件下，随着湿度的增高发病速度加快，湿度越高发病越重。发病湿度范围宽，是防治困难的主要原因。

防治白粉病必须严格实行"预防为主，综合防治"的植保方针，全面落实土传病害的各项防治措施，还需搞好生态防治与化学防治。

生态防治上要注意调节好室内温湿度，白天室内温度要维持在 30～32℃，夜晚适当通风，尽量使室内温度降至辣（甜）椒适宜温度的下限，最大限度地降低室内湿度，以高温低湿和低温低湿抑制分生孢子萌发，减少发病。

化学防治要及时用药，尽力做到在开花结果之前铲除病原，可用 0.2～0.3 波美度石硫合剂＋6 000 倍有机硅大水量喷洒，喷至叶片正反面全部水湿至淋洗状，每 5～7 天 1 次，连续喷洒 2～3 次，可有效铲除白粉病。如果开花结果后发生，可选用 50% 翠贝 3 000～5 000 倍液、10% 世高 2 000 倍液、15% 粉锈宁 1 500～2 000 倍液、30% 爱苗乳油 4 000～5 000 倍液、25% 阿米西达悬浮剂 2 500 倍液、40% 福星 7 000 倍液、12.5% 特普唑 2 500 倍液、30% 特富灵 1 500 倍液交替喷洒，喷洒用药需分别掺加 600 倍天达 2116＋3 000～5 000 倍有机硅混合液，每 5～7 天 1 次，连续 3～4 次，可有效地防治白粉病。

13. 辣（甜）椒幼苗叶片干边并出现褐斑，有死苗现象，发生的原因是什么？怎样预防？

这种现象是苗床土或设施内施用基肥过多特别是速效氮肥、

鸡粪等施用量多造成的。温室、大棚是封闭性设施，室内挥发的氨气等有害气体不容易排除，会造成氨气危害，引起叶片干边、褐斑、死苗等现象发生。

预防方法：第一，配制苗床土时不要再掺加速效化肥，有机肥必须充分腐熟，用量不要超过 10%，9 份土 1 份粪即可。第二，设施内施用基肥不可盲目多用。一般每亩施用圈肥 4～10 米³ 即可，施用鸡粪时，每亩用量要控制在 3 米³ 以内。一定注意科学用肥，充分发挥肥料效用，防止肥料浪费。在设施内要以生物菌和有机肥料为主，不施用或少用速效氮肥，有机肥料也要分多次施用，开花结果后开始在操作行中追肥，每次追施栽培面积的 1/5 左右，每 7～10 天进行 1 次，每 30～40 天轮施 1 遍，全生育期中可轮流追施 3～4 次。这样做既可防止氨害发生，又大大提高了肥料利用率，减少了投资；并能显著增加设施内二氧化碳含量，增强光合作用，提高产量和品质。第三，辣（甜）椒苗长出 1～2 片真叶时及时喷洒 600 倍天达 2116 壮苗灵＋1 000 倍裕丰 18＋150 倍红糖水混合液，提高秧苗抗逆性能。

14. 辣（甜）椒幼苗茎基部发生变褐腐烂，甚至死苗的现象，是什么原因引起的？怎样预防？

这种现象发生比较普遍，是栽植方法错误造成的，目前不少菜农定植幼苗时，覆土后用力按压根际部位的土壤，土壤中有沙砾或硬土粒，辣（甜）椒幼苗茎蔓是鲜嫩的，组织松软、脆嫩，被沙砾或硬土粒挤压，必然伤及细胞，引起组织坏死，为病菌侵染提供方便之门，诱发病害发生，造成根茎部位变褐坏死，甚至死苗。

预防方法：第一，幼苗定植时严禁按压，水渗后，覆以细土即可，减少细胞损伤。第二，幼苗定植后及时喷洒并浇灌 600 倍天达 2116 壮苗灵＋3 000～6 000 倍 99% 噁霉灵＋150 倍红糖水混合药液，可有效地预防苗期病害发生，促进缓苗。

15. 温室栽培辣(甜)椒，为什么会经常发生缺素症等生理性病害？

辣（甜）椒设施栽培中的缺素症，长期以来一直被认为是土壤缺素引起的。然而，在设施栽培中发生缺素症，并非是土壤缺素引起，而是由于地温低，土壤板结，土壤溶液浓度高，土壤中严重缺氧，发根量少，根系老化，活性低，生理功能失调，吸收肥水能力差等综合因素造成的。

实际情况是：设施栽培的施肥量，不论是有机肥，还是氮、磷、钾肥及微肥等速效化肥，其施用量都远远多于大田的施肥量，一般是大田施肥量的3～10倍；而设施栽培的浇水量，反而仅有大田降水量＋浇水量的1/2左右。大田栽培在施肥量少、浇水量大、肥料流失重的情况下，并没发生或很少发生缺素症。难道施肥量多、浇水量少、肥料流失轻的设施栽培的土壤，反而缺少肥料元素吗？恰恰相反，通过土壤化验得知，绝大多数设施内的土壤中各种肥料元素都明显偏多，土壤溶液浓度偏高。那么为什么设施辣（甜）椒还会频繁发生缺素症呢？究其原因，是绝大多数的设施管理者忽略了设施栽培的生态环境条件（已经不同于大田）。

第一，设施栽培一般白天5厘米深处的土壤温度可比室内空气温度低7～10℃（大田土壤温度等于或高于空气温度），深层土壤温度更低。在这种情况下，绝大多数管理者们却在按大田要求，采取低温管理，调控室内温度在25～28℃。结果其土壤温度在13～23℃。一昼夜当中约有20小时以上的时间，土温低于20℃，比辣（甜）椒根系生长发育最适宜的土壤温度28～34℃低15℃左右。较低的土壤温度，不利于辣（甜）椒根系的生长发育，导致生根量少，根系吸收能力差，生理活性低，这不但会引起各种缺素症的发生，还会引起多种其他生理性病害的发生，甚至于烂根、死根，导致辣（甜）椒死亡。

155

而大田栽培和设施栽培相反，进入夏季后，土壤温度一般比空气温度高 1～3℃，土温多维持在 25～35℃。较高的土壤温度，能促进根系发育，增加生根量，提高根系活性，促进根系对水分和营养元素的吸收、转化和利用。因此极少发生缺素症，也很少发生其他生理性病害。

第二，在设施栽培中，多数管理者仍然按照大田的管理方式，用速效化肥结合灌溉进行追肥，对土壤不进行中耕松土或很少中耕，土壤板结，溶液浓度高，缺氧。如此恶劣的土壤条件，抑制了根系的呼吸作用和生理活性，根系老化，不发或很少发生新根，根系活性低，吸收能力差，这就必然诱发各种缺素症等生理性病害的发生。

16. 温室栽培辣（甜）椒，应该怎样预防和防治缺素症等生理性病害？

在设施栽培中，维持较高土壤温度，是创造适宜根系生长发育的土壤环境条件，提高辣（甜）椒的耐低温性能和抗冻性能，促进根系发育，提高根系活性，是防治缺素症与生理性病害最为重要的技术措施。

土壤温度是依靠阳光辐射和空气的热量传导来提高温度的，在一般情况下，阳光的辐射强度是相对稳定的，要提高土壤温度，最有效的方法就是通过提高设施内的空气温度来加热土温，才能较为显著地提高土壤温度，使土壤温度在较长时间内，稳定在根系发育所必需的适宜温度范围之内，才能减少缺素症等生理性病害的发生。

所以说，通过提高设施内的空气温度，维持较高的土壤温度，是设施辣（甜）椒栽培成功与否的最为关键的一项技术，也是预防各种生理性病害的最有效措施。具体方法：

①实行高垄畦栽培，全面覆盖地膜，尽力提高土壤温度。

②实行高温管理，提高白天室内温度。特别是进入严冬季节

以后，室内温度不比辣（甜）椒适宜温度的上限再高 3℃，白天就要严禁通风，室内温度比辣（甜）椒适宜温度的上限再高 3～4℃时，要开小口通风，使温度维持并稳定在辣（甜）椒适宜温度上限之上 3～4℃，用高气温提高土壤温度，促进根系发育，减少缺素症等生理性病害的发生。

③提高植株自身的抗逆性和自我保护能力，实现健身栽培。植株自身能够具有较强的抗寒、抗冻等抗逆性能，对于在温室栽培中，抵御冷害、冻害，减少缺素症等生理性病害的发生，具有特殊的意义。提高辣（甜）椒自身抗逆能力的方法有：第一，选用耐低温、抗逆能力强的品种。第二，种子催芽时进行低温锻炼，用－2～0℃的温度处理刚发芽的种子 6～8 小时，提高植株对低温的适应能力。第三，用天达 2116 灌根、涂茎、喷洒植株，提高辣（甜）椒自身的抗冷冻、耐低温和对其他不良环境的适应性能。

④结合追施有机肥料，经常进行中耕松土，疏松土壤，促进土壤呼吸，及时补充土壤中的新鲜空气（氧气），促进根系发育。

17. 辣（甜）椒根结线虫病在温室中为害日趋严重，应怎样防治？

根结线虫在土壤中以 2 龄幼虫和卵越冬，活虫体在离开寄主的情况下，可以存活 1～3 年，温室中栽培的瓜类、茄果类和豆类蔬菜，这些都是根结线虫的嗜性寄主，它可以连续地、不间断地繁殖为害，所以土壤中的根结线虫数量越来越多，加之多数菜农只重视化学防治，而化学防治对其效果甚差，所以为害日趋严重。

防治根结线虫病，必须坚持"预防为主，综合防治"的植保方针，着重抓好农业、物理防治措施，配合化学防治，才能有效地预防其为害。

①根结线虫主要分布在 3～10 厘米的表层土壤内，15 厘米

以下的土壤中极少存有，该虫在 55℃ 的温度条件下，经 8～10 分钟即可致死，利用这一特性，可在暑季换茬时，采取高温闷室方法加以铲除。高温闷室要在 7 月中旬至 8 月中旬之间高温季节结合换茬进行，先在温室内浇水，土壤现干时剪除椒秧，去掉地膜，再用铁叉松动根际土壤，后拔出椒根，随即用 2 000 倍 2% 阿维菌素＋1 500 倍 48% 毒死蜱药液细致喷洒根穴，杀死穴内残留根结线虫与虫卵，第二天将设施内 15 厘米深左右的表层土壤覆成 30 厘米高的土垄，再用尖头木棍在土垄上打洞，洞深 28 厘米左右，洞距 20 厘米左右。

以上工作做好后，擦亮棚膜，修补农膜碎洞，封闭设施，同时在设施内撒施 85% 敌敌畏 500 克，点燃 40% 百菌清烟雾剂 1 000 克，密闭设施 15 天左右。注意闷室期间必须有连续 4～5 天的晴朗无风或小风天气，如果没有，需延长闷室时间，直至遇到连续晴朗天气 4～5 天后方可结束闷室。

如此处理，不但可以彻底消灭根结线虫，而且可以比较彻底地消灭设施内其他病害和各种虫害。

②实行与葱、蒜的轮作与间作，每隔两年可栽种一茬葱或蒜，或在主栽辣（甜）椒的株行间，间作蒜苗，蒜苗长成后，采取割韭菜的收获方法，留根再发，让其长期保留，可明显减轻根结线虫的为害，还可以减少其他病害的发生与发展，增加温室收入。

③土壤增施有机肥料、磷钾肥料和微量元素肥料，植株连续喷施天达 2116，确保植株健壮强旺，提高其对根结线虫的抗逆性能。

④幼苗定植时，结合浇水，穴浇 2 000 倍 2% 阿维菌素或 2 000 倍 2.5% 高效氯氟氰菊酯药液，每穴 200～250 毫升，或穴施 10% 粒满库颗粒剂，每亩 5 000 克，或每亩用绿鹰（辛硫磷缓释剂）800～1 000 克兑水 150 千克均匀浇灌栽植穴，杀灭土壤中残留虫原。

以上措施全面执行可有效地控制根结线虫病的发生与为害。

18. 温室白粉虱、蚜虫、美洲斑潜蝇等害虫怎样防治？

白粉虱、蚜虫、美洲斑潜蝇等害虫，多是从室外侵入温室的，开始时，室内只有少量发生，没有引起管理者的重视，不注意防治，结果最后繁衍成灾。

温室栽培辣（甜）椒，由于封闭严密，只要坚持以下原则：通风口设置防虫网；换茬时，注意高温闷室，铲除虫源；定植时做到净苗入室；平时注意封闭室门，可以不打任何杀虫药，而进行安全生产。

为什么几乎所有的温室都有此类虫害的为害，而且日趋严重呢？就是因为管理者的头脑中没有或不重视"预防为主，综合防治"的植保方针。存有"农药万能"的糊涂观念，导致了温室中虫害的大量发生。

为了彻底铲除温室虫害，必须坚持上述原则。

为防万一，秧苗定植后，或发现有少量害虫时，要立即采取灭虫烟雾剂熏蒸消灭，每6～7天1次，连续2～3次，彻底铲除。

采用熏蒸方法消灭虫害，应改夜间低温时熏蒸为白天熏蒸，提高防治效果。熏蒸应于晴天14:00～15:00开始。一直持续到第二天拉苫时，再开口通风换气，1小时后方可进入温室，进行管理。这样操作熏蒸时温度高，持续时间长，害虫吸入药量多，杀虫彻底。连续进行2～3次，能把残留虫卵孵化的幼虫、虫蛹羽化的成虫，全部消灭，不留后患。如果发生菜青虫等鳞翅目类害虫及其他害虫，亦可采用此法防治。

温室白粉虱对黄色有强烈趋性，可在室内张挂黄色杀虫纸板诱杀。方法：用黄色硬纸板，裁成0.3米×0.2米的条块，涂上1层黏油（10号机油加少许黄油调匀），每亩温室，均匀分散吊挂 30～35 块，杀虫纸板吊挂高度略低于植株生长点，可有效地消灭白粉虱成虫。纸板粘满白粉虱后可再次涂油（每 7～10 天重涂 1 次）。

白粉虱、蚜虫、美洲斑潜蝇等害虫繁殖迅速，极易传播，每行政村或生产单位应该注意实行联防，以便提高总体防治效果。

19. 温室栽培辣（甜）椒，为什么经常发生药害？

温室栽培辣（甜）椒，比较突出的另一个问题是药害普遍发生，笔者调查发现几乎 90％以上的室内辣（甜）椒，都有药害发生，其中很大比例是严重药害。

辣（甜）椒叶片出现叶色发暗、无光泽，叶面粗糙、硬化，是轻度药害；叶片变厚、变脆，叶缘坏死、黄化是较严重药害，个别严重者叶片干枯、坏死。

温室辣（甜）椒一旦发生药害，必然造成叶片老化、硬化，光合作用受阻，光合效率大幅度降低，引起减产甚至是严重减产。

造成这种现象的主要原因：

第一，药贩们为了赚菜农、果农们的钱，误导菜农多打药、高浓度用药、并让他们几种农药混用，从而造成药液浓度过高，引发药害。

第二，多数菜农自身不懂技术，不清楚药品性质，一旦发生病害、虫害，心里急，只想立即消灭病虫害，失去理智，错误地认为多配几种药、高浓度用药，就会达到目的。结果：一是可能防治效果不错，但是却造成了严重药害，反而给辣（甜）椒带来了新的更大的损失。二是不但没能有效地防治病虫为害，反而发生了严重的药害，对辣（甜）椒的危害越发严重。

第三，重复打药，重复打药必然提高了着药浓度，从而诱发药害。重复打药有自觉与不自觉之分，不少菜农打完药后，发现喷雾器内还剩有药液，怕造成浪费，舍不得扔掉，又回过头把剩余药液重复喷洒到辣（甜）椒植株上，结果造成了局部药害。另外有的菜农为了确保防治效果，盲目地用两种或多种农药混用，因不知农药成分，结果把不同包装、不同名称的同种药品配制在一起，造成高浓度重复配药，喷洒后，必然在全温室内发生药害。

第四，温室周围的农田喷洒除草剂，正遇上开风口进行通风，含有除草剂气雾的空气进入温室，使室内辣（甜）椒发生了除草剂药害。

20. 怎样预防药害的发生？发生药害后怎样救治？

为避免药害发生，用药必须慎重。

①用药前要认真阅读药品说明书，仔细检查药品的批号、合格证、使用范围、使用浓度，了解药品性质、使用方法及注意事项等，避免用错药和高浓度用药。

②要对症用药，严禁在不了解药品性质、不知病虫种类的情况下盲目用药。

③要认真向农业技术人员咨询，听取他们的意见，不可盲目听信药贩们的吹牛和许诺，胡乱打药。目前绝大多数卖药者，他们并不懂或不真懂得农业技术，不了解药品特性，其中不少卖药者唯利是图，说话不负责任，他们为了自己的经济利益，可以胡说乱道，引导农民多买药、多打药。发生了药害，农民也许并不知道，或者空口无凭，没法追究责任。

④不可随意使用所谓的新产品，目前农药市场极其混乱，假冒伪劣药品充斥市场，同种农药产品，会有多种包装、多个名字，许多所谓的新产品是换个名字、换个包装，包着老产品。实际上好的产品、名商标是不会更换的，只有伪劣产品才会换名字、换包装。因此在如此复杂的情况下，不可随意使用所谓的新产品，更不能听信药贩们的吹牛，最好还是使用信得过的厂家生产的信得过的产品。不知底、不了解的产品不可随意使用，更不

能几种药物随意混配，那样做，会糊糊涂涂地重复用药，不知不觉地提高了药液浓度，使辣（甜）椒发生药害。如果想使用新农药、新产品，一定要听一听有关专家和农业技术人员们的意见，以免上当受骗。

⑤通风时，注意周围农田是否在喷洒除草剂，如有喷洒者，立即停止通风或只开顶风口通风，以免除草剂气雾进入室内，危害辣（甜）椒。

一旦发生药害，只要植株还没有死亡，必须立即喷洒 600 倍壮苗型天达 2116＋150 倍红糖水＋400 倍硝酸钾（或 5 000 倍康凯＋150 倍红糖水＋400 倍硝酸钾）进行解救、缓解药害。每3～5 天 1 次，连续喷洒 2～3 次，可在很高程度上缓解药害，使辣（甜）椒尽可能地恢复正常，从而达到最大限度地减少药害对辣（甜）椒的危害。

第五节　温室栽培辣(甜)椒综合管理技术

1. 温室栽培辣（甜）椒应怎样安排茬口？

温室栽培辣（甜）椒，分秋延迟辣（甜）椒、越冬辣（甜）椒、早春辣（甜）椒、越夏辣（甜）椒等多种方式与其他辣（甜）椒轮作栽培。目前主要采用 1 年 1 茬式栽培。

1 年 1 茬式栽培，一般于 8 月初至 9 月上旬育苗，10 月上中旬至 11 月定植，翌年麦收后至 8 月拉秧。秋延迟茬栽培，于 7 月育苗，8 月定植，在大拱棚内栽培，11 月上中旬拉秧；温室栽培，翌年 2～3 月拉秧，后定植瓜类或豆类。早春茬栽培于 12 月至翌年 1 月育苗，温室栽培 1～2 月定植，6～8 月拉秧；大拱棚栽培，2 月底 3 月初定植，6～7 月拉秧，后栽培瓜类、豆类或叶菜类。越夏栽培在内陆高温地区，需在温室或大拱棚内加盖遮阳网遮阳降温，4～5 月育苗，5～6 月定植，10 月拉秧。高原冷凉地区可直接实行露地越夏栽培。

2. 温室栽培辣（甜）椒，应实行一年一大茬制，该选用什么样的品种？

温室栽培越冬一大茬辣（甜）椒应该选用耐低温、耐弱光，同时还要耐高温和高湿，抗病性能好、适应性强、果型正、丰产性能好、品质优良的杂交种。目前在生产上推广应用比较好的品种有考曼奇、罗丹红、寿光羊角黄等。

3. 温室栽培辣（甜）椒要获取 10 000 千克/亩，甚至更高的产量，在技术上需抓好哪些环节？

温室栽培辣（甜）椒要获取高额产量，必须抓好以下技术措施：

①选择高抗病、生命力强、生产周期长、丰产、耐低温、耐弱光的优良杂交品种。

②科学调控设施内的光照、温度与湿度，使辣（甜）椒植株的各个生育阶段都处于生长发育最适宜的生态环境之中，促进植株的生长发育，提高光合生产效率。

③整地时结合施肥施用旺得丰等生物菌土壤接种剂，栽植后及时用 3 000 倍天达 2116 壮苗灵＋4 000 倍 99％噁霉灵药液灌根，预防土传病害发生；间隔 7～10 天用 1 000 倍生物菌（或面深耕土壤改良剂）＋1 000 倍天达 2116 壮苗灵混合液灌根，促进根系发育，改善土壤结构，增加土壤孔隙度，加深活土层厚度，促使深层土壤疏松通透，为根系的生长发育提供良好的生态条件，促进根系发达，防止根部病害发生，为丰产奠定基础。

④坚持用 600～1 000 倍天达 2116 或 3 000 倍植物基因活化剂药液连续多次喷洒植株，启动辣（甜）椒自身的生命活力，提高叶片的光合效率，最大限度地发挥辣（甜）椒自身的生产潜力和适应恶劣环境的能力，增强辣（甜）椒自身的抗干旱、抗病菌

侵害、抗药害、抗冷冻、耐低温的能力。

⑤科学施肥、浇水，结合用药经常根外叶面喷洒 250 倍硝酸钾＋300 倍硫酸镁＋400 倍氯化钙＋100 倍发酵奶混合液，适时、及时、全面地满足辣（甜）椒对肥水的需求。

⑥增施二氧化碳气体肥料，超水平地提供光合作用的原料，增强光合效率，增加光合产量。

⑦协调、平衡营养生长与生殖生长的关系，既要保障植株健壮的长势，又要让其不断地分化花芽、开花结果，最大限度地延长其生产周期。

⑧适时、及时摘除老叶、摘心疏枝，调控植株，保障植株的叶面积系数处于最佳状态（叶面积系数维持在 2.5 左右），改善植株风光条件，充分发挥辣（甜）椒群体的光合能力，减少消耗，节约有机营养，集中供果。

⑨搞好无公害化病虫害的综合防治，最大限度地减少各种病虫害地发生，确保植株正常、健康的生长发育、开花结果。

4. 温室栽培辣（甜）椒，应该怎样调控温度？

根据温室温度调控原理，辣（甜）椒定植后，室温白天应保持在 25～30℃，夜温维持在 17～20℃，以便促进缓苗。如果室温高时，应通风降温，不要遮阳降温，尽量让幼苗多见阳光，较多地生产有机物质，以利幼苗健壮。

幼苗开始生长以后，白天温度：上午控制在 28～32℃，14:00 后降至 25～27℃，18:00～22:00 控制在 16～18℃，22:00 到第二天清晨拉苦时 12～14℃。若遇阴雨天气，白天控制在 14～18℃，夜晚维持在 10～12℃。

随着植株的生长发育，室内的遮阳率逐渐增大，地温会越来越低，必须注意逐步提高白天室内气温，加热提高地温。白天上午气温可控制在 28～33℃，14：00 后适当开启风口，逐步降温，16：00 前后室温降至 25℃，18：00～22：00 仍保持在 16～18℃，

22:00 后维持在 12～14℃，清晨室内温度不低于 10℃ 即可。如温室严密封闭后，仍达不到以上温度，那是因为温室结构有问题，应想办法改善，在改善之前要尽力保温，白天最好不要通风，直至 16:00 前后再开启风口通气。3 月中旬后，寒冷季节已过，地温开始回升，可逐步降低室内气温，到 3 月底时，白天室内气温可控制在 25～30℃，夜间可逐渐加大通风量，降低夜温，4 月后风口可开至最大量，尽力降低夜温，减少消耗。

5. 温室栽培辣（甜）椒，应该怎样进行土肥水管理？

土肥水管理是一个既复杂又十分灵活的问题。具体操作时，必须针对温室栽培的生态特点，实行以有机肥料为主的原则，结合土壤种类、土壤的肥力水平、土壤的酸碱度、土壤中各种肥料元素的含有量，以及计划施用肥料的种类、肥效成分含量和辣（甜）椒本身的生长发育状况、生育阶段、需肥需水规律来制订具体的土肥水管理方案，确定如何松土、施肥和浇水。

第一，要结合耕翻整地施足基肥，每亩温室，要撒施入优质圈肥 5 000～7 000 千克，掺加麦糠或铡碎的玉米秸草 500 千克左右，要结合土壤的具体肥力状况掺加适量的化学肥料。一般的土壤肥力，可掺加饼肥 150～200 千克、硫酸钾 30 千克、硫酸镁 10 千克、过磷酸钙 100 千克或钙镁磷肥 100 千克（二者须掺入足量的有机肥料中，发酵 10～15 天后，方可使用），后耕翻 20 厘米左右，结合整畦每亩撒施生物菌 400 克或生物菌有机肥40～50 千克，整畦后随即灌透水。数天之后，土壤显干时定植。

第二，结合耕翻，对土壤喷洒免深耕土壤调理剂 200～250 毫升，改良深层土壤，使之疏松通透，促进根系发达，为丰产打好基础。

第三，定植后要结合植株生长发育状况、生育时期、季节变化确定如何追肥和浇水。

要浇透浇足定植水，以利缓苗，加速生长。2～3 天后，掀开地膜，再次耧锄畦垄，做到锄深、锄细，疏松土壤，改善土壤通气状况，促进植株深扎根，形成发达的根系，锄后随即覆严地膜，以利保墒，提高地温。

对少量小苗、弱苗可单独浇施 0.2％尿素＋600 倍天达 2116 壮苗灵混合液，每株 200 毫升，以利幼苗整齐均匀。

此后控制灌溉，促进根系发育，直至门椒坐稳后浇一次大水，结合浇水追施催果肥。每亩温室冲施腐熟粪稀 500 千克左右，或腐熟饼肥 50 千克左右。

以后要根据植株生育状况确定是否浇水。植株生长点叶色嫩绿、明亮，叶色浅于下部叶片，表明水分充足；生长点叶色黑绿或浓绿，明显深于下部叶片，表明缺水；缺水时，需及时补水。

辣（甜）椒浇水需选晴天清晨进行，力争在 8:00 左右浇完。下午和阴天决不可浇水，否则会引起地温下降、室内湿度增高，并诱发灰霉病等病害发生。具体掌握：结果后，每 10 天左右浇 1 次水；冬至到立春可适当控制浇水，15 天左右浇灌 1 次；若遇连续阴天，可延长到 20 天以上不浇水。惊蛰之后天气回暖，浇水应逐渐增多，由 10 天左右 1 次增加到 7 天左右 1 次；谷雨后可增加到 5 天左右 1 次，浇水量逐渐增大。浇水时，9:00 以前要开启风口，通风排湿，10:00 左右关闭风口，提高温度达30～33℃，以高温降低室内空气湿度、加速地表残留水分蒸发，15:00左右再次开口通风，排除湿气，降低室内湿度，以防止诱发灰霉病。

追肥要以有机肥为主，适当配合速效磷钾肥，严禁单纯追施化肥。追肥要根据辣（甜）椒的生育情况、生长季节结合浇水进行。

追施有机肥料可分为两种方式：一种是结合浇水在浇水沟内冲施腐熟饼肥，每沟 0.5～1 千克，或腐熟粪稀每沟 5 千克。饼肥要事先发酵，加水搅拌成稀汤，待沟内水浇到 4/5 时，随水流入沟内。另一种方法是在每条大沟（操作行）内撒施腐熟圈肥30～60千克（优质鸡粪30千克或其他圈肥50～60千克），后掘翻、掺匀、浇水、覆严地膜。

注意，在大沟内追施有机肥料，必须选晴天清晨开启风口进行，做到撒粪、掘翻、浇水、覆盖地膜同步操作，完成一沟，再进行第二沟。严禁沟内撒粪后，不立即掘翻入土、浇水压肥、覆盖地膜，造成氨气挥发，毒害植株。大沟内追肥每次追施面积不得超过总面积的1/5，一般每间隔4～5沟追施1沟，即第1次追施第1、6、11、16……沟，间隔5～7天后追施第2、7、12、17……沟，30～40天轮施1遍。

追肥要结合生育周期进行，生育前期一般不追肥，待门椒坐稳后追施第一次肥料，采收第一批果后追施第二次肥，进入采果盛期后，应增加追肥次数和数量。结果后期可减少追肥或不追施肥料。

追肥要根据植株生育状况进行，植株长势较强，叶果明亮，说明肥水较足。植株生长速度慢，叶色暗，说明缺肥。椒果生长速度快，化果少，果色明亮，果条顺直，说明肥料较足。果色发暗，椒果弯曲，出现畸形果，椒果生长速度慢，化果多，是明显缺肥，应及时追肥，并适当增加追肥量。

追肥要结合季节进行，冬至前10天左右，必须在大沟内追施足量有机肥料，因冬至后天气进入严寒季节，温度降低，特别是地温降低显著，根系活性受抑制，加之设施的通气量减少，室内二氧化碳缺乏，光合产量明显降低。此时追施足量有机肥料，既可发酵散热提高地温，促进根系发育，又可补充室内二氧化碳，增强光合作用，大幅度提高春节前高价期的产量和经济效益。

为追求早春2～4月产量，在立春时可再次在大沟内追施一次有机肥料。

第四，要经常揭膜松土，辣（甜）椒根浅，喜湿怕涝，要求

167

土壤透气性良好，土壤缺氧会引起根系老化、死亡，因而在管理当中应勤锄、勤耕，保持土壤有良好的透气性。通常每 15~20 天应揭开地膜松 1 次土，并深刨操作行，促进土壤气体交换，排除土壤中有害气体，增加土壤氧气含量，减缓根系老化和死根现象发生，延长根系寿命。揭膜应选晴天上午进行，揭开后立即松土、翻刨，打碎整细土壤，并在 14：00 之前覆严地膜，以利于降低室内空气湿度，减少病害发生。

6. 温室栽培辣（甜）椒，应该怎样进行植株管理？

在节能日光温室中栽培辣（甜）椒，为了减少支架的遮阳，提高光合效率，要实行吊秧管理。吊秧还可以方便摘心、除老叶、疏枝等技术操作。每株辣（甜）椒一般都有 2~3 个 2 次分枝，以后每个分枝上又会分生出 2~3 个 3 次分枝，分枝发分枝，依次发展至 5~6 次分枝，所以辣（甜）椒的中后期枝繁叶茂，密不透风，形成"一窝蜂"现象，导致光照恶化，结果少而小，且易落花落果烂果，还会诱发各种病害，品质和产量大大降低。

因此，及时摘心，疏除细弱枝、冗长枝和过多分枝，集中营养，改善植株通风透光条件，是辣（甜）椒丰产优质的重要技术措施。

摘心、疏枝需在对椒坐稳后进行，疏除细弱分枝、冗长枝。对过多的壮分枝及时摘心，只保留 2~3 个壮分枝，继续生长结果，提高坐果率，结大果，增产增收。疏枝要用比较锋利的修枝剪剪枝，剪口要光滑，以防剪口招致虫害或诱发病害，不可用手直接折枝，以免造成植株损伤。剪枝时，除及时剪除细弱枝、冗长枝，还应剪去病虫为害严重枝、前期结果过多的下垂枝、管理不当的折断枝等。剪下的枝条应随即埋入室内土壤中，或集中带出室外深埋或密闭发酵沤制绿肥。

辣（甜）椒植株高度达到 120 厘米左右时，要及时选择一个 2 次分枝进行回缩，留做更新枝，即选一结果壮枝，在其四母斗顶果的上部摘心，采收后回缩，留下对椒下面分枝继续发育。其余的壮分枝，高度达到 150 厘米左右时摘心，其上果实采收后再回缩，利用已经回缩的更新枝重新培育结果。如此交替发展，维持合理高度和良好的通风透光条件，延长结果期。

辣（甜）椒剪枝后，要加强管理，注意防治病虫害，保持植株健壮。

第六节 怎样提高温室辣（甜）椒栽培的经济效益

1. 影响温室辣（甜）椒栽培经济效益的因素有哪些？

温室的经济效益可用以下几个公式表示：纯收入＝商品产量×产品平均价格－总投入，商品产量＝生物产量×经济系数，生物产量＝光合生产率×叶面积×光合时间－呼吸消耗。

从上面的公式可以看出，温室的经济收入受多种因子的制约，但是，在这众多的因子当中最为主要的是光合生产率、产品价格和投入成本。

（1）光合生产率 光合生产率是决定经济效益的首要因素，它又受光照度、光照时间、温度、二氧化碳浓度、土壤水分、矿质元素、叶面积系数、叶面积动态、叶片寿命、群体结构、品种特性、光合产物的运转规律和农业技术措施是否科学合理等多种因素的制约。

（2）产品价格 产品价格是经济效益的另一主要因素。它又受辣（甜）椒种类、品种、商品性质与质量、商品包装、生产规模的大小、流通渠道是否畅通和季节差价等多种因素的影响。

（3）投入成本 投入成本的高低，既影响产品的质量、产量，又通过产品成本的高低直接影响着经济效益。一般规律是：

在科学管理的前提下，经济效益随着投入（特别是施肥、灌溉、用药等方面）的增加而增加，但投入成本增加到一定程度以后，经济效益将不再随投入得增加而增加，甚至反而下降。在这里最重要的是各种技术措施科学，才能用较少的投入获取较高收入。技术措施不科学，投入得再多，也难以获取高收入。因而，投入一定要科学合理，要经济有效，切不可盲目无限度地增加。只有探索出最佳施肥量、肥料种类与配比、施肥时期、灌溉量、灌溉时期，以及科学合理用药，提高温室覆膜和温室的利用率，降低建造温室的成本，才能达到以比较少的投入，换取较大的经济收益。

2. 应该通过哪些途径提高温室辣（甜）椒栽培的经济效益？

提高节能日光温室辣（甜）椒栽培的经济效益的途径主要有以下几个方面：

第一，温室辣（甜）椒生产是在室内进行的，温室结构性能直接影响着温室生产的产量、质量与经济效益。所以建造一个保温性能好、透光率高、易管理的温室，奠定良好基础，是提高温室经济效益的首要条件。

第二，提高光合效率，增加辣（甜）椒产量。产量高低是影响效益最主要的因素，产量取决于光合作用，光合作用是植物叶片中的叶绿体（叶绿素）利用光能把二氧化碳（CO_2）和水（H_2O）转变成葡萄糖（$CH_2O)_6$并放出氧气（O_2）的过程，只有充分满足光合作用所需要的一切条件，才能最大限度地提高产量。

第三，科学调控营养生长与生殖生长的关系，提高经济系数，既要维持健壮长势，又要使营养输入中心定位于果实的生长发育，力争光合产物有较大的比例用于果实生长。

第四，加强全生育过程中的科学管理，合理地调控室内温度、湿度、光照等条件；进行适时、适量、合理的肥水供应；采取科学、无公害病虫害综合防治，确保植株健壮；最大限度地延长植株的经济寿命。

第五，调控果实采收期，使果实产量高峰期和采收高峰期恰好处于商品市场价格的最高价位期，以便获取更高的经济效益。

第六，通过合理科学的管理，提高产品质量，提高价格，减少投入，降低成本。

3. 温室辣（甜）椒栽培，怎样提高光合生产效率，增加产量？

增强光合作用，提高光合生产效率，需要从以下几个方面入手：

（1）首先是增大温室采光面的透光率，改善光照条件，充分利用光能 光是光合作用的能量来源，温室内光照的强弱和见光时间长短是决定光合产量高低的主要因素。最大限度的利用光能，既是植物提高光合产量的主要条件，又是温室在寒冷天气条件下的热量来源。室内光照度，除决定于季节变化之外，还受温室透光面的形状、角度、塑料薄膜种类与状况、温室支架与群体结构等因子的影响。

透光面角度，据山东农业大学的研究得知，随着坡面与地面夹角的变化，其太阳透光率和入射能量明显发生变化。从 12 月到翌年 2 月的 3 个月中，采光面在 10°时，正午太阳光入射量为 6 467 千焦/（米² × ℃ × 小时）；采光面在 20°时，太阳光入射量为 7 557 千焦/（米² × ℃ × 小时），比 10°时增加 16.9%；采光面在 30°时，太阳光入射量为 8 699.7 千焦/（米² × ℃ × 小时），比 20°时增加 15.1%；而 40°时，增加得更多。

因此，我们建造温室时，在不影响防风保温性能的前提下，只要条件允许，透光面角度越大，越有利于透光。

此外，如前面所述采光面形状、薄膜种类与状况、采光面与后坡面的投影比例、张挂反光幕等，都能显著影响温室内的光照条件。

（2）延长光照时间 冬季日照时间短，在不明显影响保温条件下，清晨应尽早拉揭草帘，下午晚放草帘，阴天也应适时揭放草帘，以便充分利用阳光，延长光照时间，提高光合产量。

（3）提高辣（甜）椒自身的光合效率 选用耐弱光、光合效率高的品种，并要用 600～1 000 倍天达 2116 或康凯、芸薹素内酯、光合微肥等药液连续多次细致喷洒植株，启动辣（甜）椒自身的生命活力，提高叶片的光合效率。

（4）维持辣（甜）椒生长发育所需要的最适宜温度 植物的光合强度与温度关系密切，每种植物只能在适宜的温度条件下才能进行光合作用。通常情况下，辣（甜）椒能够进行光合作用的最低温度是 0～2℃，适宜温度为 10～35℃，最适宜温度为 25～30℃，高于 35℃光合作用明显下降，40～45℃时光合作用停止。因此，栽培辣（甜）椒时，为提高其光合效率，减少呼吸消耗，应把室内温度调整到最适宜或基本适宜的温度范围内（28～32℃）。

（5）增施二氧化碳气体肥料，提高光合效能。

（6）科学合理地供水施肥 水是植物光合作用的原料，又是植物进行一切生命活动的必需条件；矿质元素是植物细胞营养所必需的成分。植物通过其根系从土壤中吸收水分和各种矿质元素，维持正常的生命活动。因此科学、适量、适时施用有机肥、化肥和微肥，适时、适量灌水，保证肥水供应，源源不断地满足辣（甜）椒对水分和矿质元素的需求，提高辣（甜）椒植株的生命活力，也是提高辣（甜）椒光合生产效率的最主要和最有效的途径之一。

（7）调整群体结构，尽量增大和维持大而有效的光合面积 植物体是一个进行光合作用、生产有机物质的绿色工厂，叶片就是车间，叶绿体和叶绿素是把光能转换成化学能、生产有机物质的能量转换器，因此叶面积与叶绿素是影响光合产量的又一主要因子。

①叶面积指数：叶面积大小用叶面积指数表示。一般在露地条件下，植物叶面积指数小于 3 时，则光合产量随叶面积指数的减少而下降，若叶面积指数大于 5 以后，因叶片相互遮阳，光照条件恶化，光合产量反而随叶面积指数的增大而下降。比较合理的叶面积指数为 3～5。所以与产量成正相关的只是有效叶面积。在温室栽培辣（甜）椒，千万不能盲目扩大叶面积，以免造成浪费，消耗肥水，恶化光照条件，引起产量下降，反而得不偿失。

鉴于温室内光照度明显低于露地条件的光照度和室内光照分布不均匀的特点，为充分利用光能，增加有效叶面积，首先在定植时要做到前密后稀，前矮后高，并在管理中维持总体高度不超过 160 厘米；应实行合理密植，实行南北行向，减少行间遮阳；控制叶面积指数，使之维持在 2～2.5（经验数据）；要及时剪除过密的枝叶与衰老叶、细弱枝、病残叶，维持良好光照条件，适时疏枝，避免相互遮阳，保持最有效的叶面积，增加光合产量。

②叶龄与叶动态：辣（甜）椒的幼叶光合能力很弱，待完全长成壮叶时，光合能力最强，叶片衰老后，光合能力又迅速下降。因此在温室管理上，前期应尽量满足其光、温、肥、水条件，促其早发叶、快长叶，尽快扩大叶面积，以增加产量。但是，随着辣（甜）椒的生长，叶面积指数扩大，互相遮阳现象逐渐加重。因此当叶面积指数达 2.5 左右时，又应及早控制其继续增大，并要及时摘除基部衰老叶片，减少消耗，疏除过密枝、细弱枝，改善光照条件，维持较强的光合作用。

（8）增加叶绿素含量　辣（甜）椒叶片中叶绿素含量与光合强度密切相关。叶色深绿、叶绿素含量高的叶片，其光合强度明显高于叶色浅、叶绿素含量低的叶片，有时相差达 2～3 倍。叶绿素和植物体内其他有机物一样，经常不断地更新。

叶绿素的形成与光照、温度、水分及矿质营养供应状况密切相关。

光照：光是叶绿素形成的必要条件。辣（甜）椒叶片只有依靠光才能生成叶绿素，转变为绿色。

温度：叶绿素生成要求一定的温度，一般其形成的最低温度为 2～4℃，最高温度为 40～48℃，最适宜温度为 26～30℃。

水分：叶片缺水，不仅叶绿素形成受到阻碍，而且还加速叶绿素的分解，所以当辣（甜）椒遇干旱后，叶绿素受到破坏，是导致叶片变黄的主要原因之一。

矿质元素：氮、镁、硫、铁等元素是组成叶绿素的主要成分，是形成叶绿素必不可少的条件。如缺氮则叶片黄绿，氮充足时，叶色深绿；缺镁，叶绿素难以形成或遭破坏而表现中下部叶片叶脉间失绿变黄。

综上所述，为提高辣（甜）椒的叶绿素含量，提高光合生产率，同样也必须改善光照条件，保持适宜温度，改善水分及各种矿质元素的供应状况。

(9) 选用优良品种 优良品种具有较高的光合效率和较强的适应性、丰产性。在同等的条件下，它可以取得较高的产量和效益。温室辣（甜）椒栽培，应根据温室的特点，选择那些既耐弱光、低温，又具有较强的抗病性和生长势强、优质、丰产的中晚熟品种，以获取高额产量和高效益。

(10) 改善土壤结构 整地施肥时施用旺得丰等生物菌土壤接种剂，栽植后及时用 1 000 倍旱涝收或 1 000 倍天达 2116 壮苗灵＋1 000 倍旺得丰土壤改良剂（生物菌）灌根，改善土壤结构，增加土壤孔隙度，加深活土层厚度，促使深层土壤疏松通透，为根系的生长发育提供良好的生态条件，促进根系发达，从而达到根深叶茂，光合生产率高的目的。

(11) 协调、平衡营养生长与生殖生长的关系 根据辣（甜）椒植株生育状况，适当疏除过多分枝，既要保障植株健壮的长势，又要让其不断地分化花芽与开花结果，最大限度地延长其生产周期，增加产量。

（12）搞好病虫害综合防治，维持辣（甜）椒健壮的生长势，获取优质高额产量。

4. 怎样提高辣（甜）椒产品的市场价格？

产品价格与经济收益呈正相关。产品价格受产品种类、质量、生产规模、市场流通、季节差价、商标品牌等因素的制约。

目前市场行情千变万化，不同商品种类、不同季节之间，其价格差异十分显著，即使同一种类的产品也因品种、质量特别是商标品牌不同，其价格差异显著。为了获取高收益，必须面向市场，生产那些市场紧俏、品质优良、深受消费者欢迎的产品，特别是有机品牌产品，只有这样才能优质优价，获取高效益。

（1）调整产品上市季节 物以稀为贵，各种辣（甜）椒都是在淡季价高，旺季价低，温室栽培，必须让产量和产品采收盛期处在该产品最紧缺的时期，才能高价销售。辣（甜）椒在每年的腊月（阳历1月）其销价最高，因而在栽培上应加以调整，使之在12月至翌年1月为采收盛期，具体方法可通过调整播种期，调整营养生长与生殖生长的关系等加以实现。

（2）提高产品质量 同一产品，因其质量的优劣，直接影响到产品的价格高低，只有优质，才能优价。

①及时疏枝、疏花、疏果，维持良好的光照条件和合理负载：辣（甜）椒分枝过多，必然光照条件恶化，引起营养生长衰弱，光合产量减少，幼果膨大受限，而且大量落花落果，难以长成大果，不但造成营养浪费，而且经济寿命短，产量低，商品质量差，其经济效益会大幅度下降。因而及时疏除过多的分枝、畸形果，保持良好光照条件，维持适量负载是提高辣（甜）椒品质、产量必不可少的措施。

②适期采收：为迎合顾客需要，根据辣（甜）椒营养生长与生殖生长同时进行的品种特性、市场的供应需求，其采收时期可

以在达到一定的商品要求后提前采收上市，灵活掌握采收时间。为了维持营养生长健壮，延长经济寿命，门椒必须早采，或及早疏除，以便维持植株健壮。成品果采收也须依据植株生长势状况而定，长势壮旺的，果可适当大点，以利提高产量，长势偏弱者，果可适当早采，减轻果秧负载，以利生长健壮，延长经济寿命，提高效益。

另外，要密切注意市场信息，按需供应产品，价格优时早采，价格低时可推迟采收，或利用多种技术手段适当贮存，推迟供应时间，提高产品的经济效益。例如，每年的阴历 11 月底采下的果可贮存 15～20 天，待进入腊月下旬后再卖，可优价出售。

③申请商标，进行无公害化生产，创绿色、有机品牌。目前，在农业生产中，化肥、农药的频繁应用，果蔬被污染的程度日趋严重，已经引起人们的重视。绿色食品、有机食品应运而生，并且与一般食品的差价越来越大。因而在温室辣（甜）椒生产中，应该充分利用其环境封闭、便于隔离的特点，实行无公害化生产，尽量减少化肥、农药对产品的污染，使其成为名副其实的绿色食品、有机食品，既减少污染，利于人们的身体健康，又提高产品的经济效益。主要措施有：第一，在施用基肥和追肥时，以生物菌有机肥料为主，减少施用化肥，尤其应减少速效氮素化肥的施用量，或停止速效氮素化肥的施用。第二，要大力推广植物检疫，实行农业、物理、生物、生态等综合防治措施，尽量做到不用或少用杀虫剂，减少杀菌剂使用次数，最大限度地减少温室内用药。第三，化学防治要选用高效、低毒、低残留药品，严禁使用高毒、高残留、"三致"药品。

（3）进行规模化、集约化生产 减少用工，降低生产成本。并以生产规模，开拓市场，促进流通，提高产品价位。

（4）结合用药喷洒天达 2116 消解农药残留 据安丘市外贸辣（甜）椒检测中心测定，喷洒 600 倍天达 2116，药后 3 天对 10％灭蝇胺、2.5％功夫、25％阿克泰等 6 种参试农药，消解率达 55.81%～60%，14 天后，农药残留指标皆可达到出口标准，成为绿色产品。

（5）**选用优质、高产、高抗性的辣（甜）椒品种** 可显著提高产量，减少农药、肥料等农用物资的投入，降低成本，提高效益。

（6）搞好精包装，提高销售价格。

5. 怎样操作才能减少温室辣（甜）椒生产的投入，降低生产成本？

（1）**合理投入，降低生产成本** 这是影响温室辣（甜）椒栽培经济效益的重要因素，目前在投入上存在着两种倾向：一是盲目增加投入，不少菜农肥料施用量过多，一次性施用化肥达 300 千克/亩，施用鸡粪等有机肥料 7 000～12 000 千克，一次性追肥 70 千克/亩。结果不但没有增产，反而造成肥害，抑制了根系的生理活性和正常的生长发育，阻碍了根系对肥料和水分的吸收，诱发了多种生理性病害的发生。还有不少菜农在喷药时随意提高使用浓度，不分药品性质，几种药物混配，导致药物失效或药害发生。轻者叶片老化，光合生产率下降；重者叶片烧毁，"绿色工厂"破坏，光合生产损失惨重，大幅度减产，既增加了成本，又降低了效益。二是舍不得投入，辣（甜）椒缺肥少水、生长不良。或者喷药间隔时间过长，导致病害发生，同样无法取得高产高效。因此在投入上必须克服以上两种倾向，做到适时、合理投入，既要降低成本，又能满足辣（甜）椒的正常生长发育、开花结果所必需的肥水及药物，以获取高产高效。

（2）**科学用肥** 基肥和追肥都应以有机肥为主，化肥为辅。严禁一次性大量施用速效性化肥。基肥其化肥一次性总施用量不得超过 200 千克/亩，有机肥不得超过 6 000 千克。追肥其化肥一次性施用量不得超过 25 千克/亩。

（3）**铺设薄膜** 土壤的耕作层底部铺设塑料薄膜，消除土壤漏水漏肥现象，节约肥水用量。

（4）病虫害防治应认真执行"预防为主，综合防治"的植保方针 着重抓好农业、物理、生物、生态等综防措施，坚决克服单纯依靠化学防治的不良倾向。进行化防时，要选用高效、低毒、对辣（甜）椒不易产生药害、对病虫不易产生抗性的农药，适宜浓度用药，多种农药交替使用，切忌单一农药长期连续使用、几种农药随便混配和随意提高使用浓度的不当做法，以免发生药害和提高病虫的抗药性，降低防治效果，增加生产成本。

（5）选用优质、高产、生长健壮、高抗性、经济寿命长的辣（甜）椒品种 可显著提高产量、增加收入，减少农药、肥料等农用物资的投入。

附录 1 天达 2116——神奇的植物 细胞膜稳态剂

2000 年，笔者第一次在番茄、甜椒上试验了天达 2116 植物细胞膜稳态剂（简称天达 2116），其增产效果达 23%～27%，这是笔者从事农业技术推广工作近几十年以来所有参试样品中增产幅度最大的一种。

天达 2116 初问世时，只是作为"抗病增产剂"进行试验推广。当天达药业集团把它投入生产，在农业生产上全面推广应用后，其神奇、独特，甚至是一些想象不到的功能，一个又一个的被人们惊奇地发现，短短的几年之内，就引起了广大农民和众多农业专家、科学家、学者和农业技术工作者们的广泛关注。

天达 2116 是山东天达生物制药集团与山东大学生命科学院共同研制开发的划时代的、闪耀着高科技光芒的最新一代植保产品。它能使辣（甜）椒大幅度增产，使农产品品质优化；它无毒副作用、无残留、无公害，体现了绿色环保农业的新理念。它以低投入为农民朋友换来了高回报。它为今后的现代农业发展带来了新希望。

天达 2116 是同类产品当中第一个被纳入国家"863"计划的高科技产品；是国家农业技术推广中心重点推荐和推广的产品；是山东省农产品出口绿卡行动计划首选抗逆、防病的植保产品；是 2001 年进京参加国家"863"计划十五周年大展的唯一的农业项目；是同类产品当中最早走出国门，出口美国、德国、俄罗斯、日本、韩国等农业发达国家的植保产品。

细胞膜稳态剂，顾名思义就是细胞膜稳定剂。任何植物的肥水吸收、光合作用、呼吸作用，各种营养物质的进一步合成、转化、运输等生命活动，都是通过细胞膜来完成的。细胞膜是否健全、稳定、完整，不仅决定着细胞的健全与否，还决定着细胞生命力、免疫力的强弱和生理活性的高低，决定着植物的生长发育与生存，而且还左右着植物体的生命活力、适应性等生理功能的强弱，是一切生命活动的基础。

形态学观察发现：细胞膜受损会导致三方面的结果：

①光合效率下降，有机营养物质积累减少，产量低。

②免疫力低下，易感染病菌、真菌、病毒引起的侵染性病害，及因环境不适引起的生理性病害，使辣（甜）椒产量、品质大幅度地下降。

③适应不良环境的能力低，易受霜冻、冷害、干热风、冰雹、干旱、水涝等自然灾害的危害。

天达 2116 含有复合氨基低聚糖、抗病诱导物质、多种维生素、多种氨基酸、水杨酸等 23 种成分，它是运用中医中药"君臣佐使，标本兼治，正气内存，邪不可侵"的组合原理，以复合氨基低聚糖与水杨酸为"君"，其他成分为"臣"，用高科技技术配制而成的高科技产品；是运用中医理论，使植物达到抗逆、健身、丰产栽培目的的典范；是农业生产控害、减灾、增收技术的重大突破。

1. 作用与功效　天达 2116 具有独特的生理作用，对细胞正常功能的发挥起着非常重要的作用。它能降低细胞膜中丙二醛（MDA）的含量，减少膜电解质的外渗，提高叶片中的相对含水量（RWC）。从而提高抗病诱导因子和综合内源激素的水平，实现二者的平衡，最终表现为保障细胞膜的完整性；它能够启动植物自身的生命活力，提高植物自身的生理活性，最大限度地挖掘植物自身的生命潜力和生产能力，增强叶片的光合效能，促进生根，提高植物适应恶劣环境的能力。从而能显著增强植物自身的抗干旱、耐高温、抗日烧、抗干热风、耐低温、抗冻害、耐水涝、耐弱光、抗药害、抗病害、忌避虫害等性能。特别在预防冷冻害、干旱、解救药害、消解农药残留等方面，作用特别显著。

①天达 2116 能保护、稳定细胞膜，提高辣（甜）椒对寒、旱、涝、盐碱等逆境因子的抗逆性，在辣（甜）椒的低温、冻

害、干旱及其他灾害的防御上作用显著，效果明显。能有效地预防"倒春寒"，而且对遭遇冻害的修复、缓解方面功效显著。经镜检观察，植物喷洒后 1 小时内就可降低细胞质液的渗出，起到保持水分的功能。尤其是在寒流来临之前喷施天达 2116，能在临界点温度基础上，达到缓解低温、冻害的效果。在冻害发生之后喷施，有起死回生和较好的修复作用。

②能有效地缓解药害，近年来除草剂药害及各种农药药害的发生日益严重，越来越频繁。众多的试验验证，小麦、玉米、花生、大豆、棉花、辣（甜）椒、茶叶、药材、果树等，一旦发生除草剂药害、农药药害，随即用天达 2116 喷洒缓解，每 5～7 天 1 次，连喷两次，可以缓解药害，能较大限度地恢复植物的生命活力。

③合理使用天达 2116 可有效地调节植物营养生长与生殖生长的关系，控制旺长，塑造合理株型，促进花芽分化与果实发育。

④天达 2116 具有抗病诱导作用，能显著提高辣（甜）椒的抗病性，对生理性、真菌性病害及病毒病有突出的预防和控制功效，对细菌性病害有较好的辅助治疗功效；对虫害有一定的忌避作用；与非碱性农药混配，对农药有显著的增效作用。尤其是与天达噁霉灵混用可提高药效，降低农药使用量的 50%，被称为植物苗期病害的临床急救特效药。

⑤天达 2116 增产效果显著。到目前为止，数以万计的农民朋友反映，凡是使用过天达 2116 的，不论是什么辣（甜）椒皆能增产，其增产幅度可达 10%～40%。

⑥天达 2116 能显著提高辣（甜）椒产品的质量与商品价值，改善粮食、果品、辣（甜）椒、茶叶、烟叶、药材等产品的营养成分与品质，能显著提高果菜的品质，美化果实形状，果面洁净光亮，色彩鲜艳，含糖量高，口感好，耐贮运性强。

⑦天达 2116 能促进成熟，辣（甜）椒经连续喷洒 3～4 次，

能提前成熟 5～7 天，并能提高产品的耐贮性，延长保鲜期。

⑧天达 2116 能显著消解植物体中的农药残留量。

2. 产品类型与使用方法 天达 2116 有 10 多种类型，不同的辣（甜）椒种类、不同的生育时期，需采用不同种类的天达 2116 进行处理。

（1）浸拌种型 天达 2116 各种辣（甜）椒的种子，在播种前用浸拌种型天达 2116 按说明书浸种或拌种，可提高种子发芽势、发芽率，使发芽整齐，促进幼苗根系发达，抗旱、耐涝、抗冻、抗病，植株健壮；并能预防和减轻病原菌、病毒侵染和生理性病害的发生，为整个生育时期的健壮生长打好基础。也可用于枝条扦插、苗木移栽时蘸根。

（2）壮苗灵（抗旱壮苗型天达 2116） 各种辣（甜）椒的幼苗期，2～3 片真叶时，喷洒 600 倍壮苗灵，可促进幼苗根系发达，抗病、抗旱、耐涝、抗冻，植株健壮。果类、豆类、茄果类，能促进花芽分化，提高花芽质量与坐果率。

（3）叶菜型天达 2116 大白菜、甘蓝、芹菜、菠菜、茼蒿、芫荽、小油菜、生菜、韭菜等，以及叶类花卉等，用 600 倍叶菜型天达 2116 喷洒植株，每 10～15 天 1 次，连续喷洒 2～4 次，不但抗寒、抗旱、抗病、耐涝，植株健壮，而且可增产 15％～40％。

（4）地下根茎专用天达 2116 马铃薯、甘薯、山药、洋葱、芋头、姜、葱、蒜、莲藕等地下根茎、块根等，在生育的中后期，用 600 倍地下根茎专用天达 2116 喷洒植株或灌根，每 10～15 天 1 次，连续使用 2～3 次，可增产 15％～40％。

（5）瓜茄果专用型天达 2116 果类、茄果类、豆类等在开花前 5～7 天喷洒 600 倍瓜茄果专用型天达 2116，结合防治病虫害用药，每 10～15 天喷洒 1 次，连续使用 3～5 次，不但可以提高其抗病、抗旱、耐低温、抗冻害、抗药害等抗逆性能，提前 3～7 天成熟，而且可以明显改善果实品质，提高含糖量，优化口感，延长经济寿命，增产 20%～50%。

草莓定植时用 600 倍瓜茄果专用型天达 2116＋4 000 倍 99%天达噁霉灵喷洒秧苗并浇根，每株 50～100 毫升。开花前 5～7天喷洒 600 倍瓜茄果专用型天达 2116，结合防治病虫害用药，每 10～15 天喷洒 1 次，连续使用 3～5 次，不但能提高草莓的抗病性，减少病害与畸形果发生，提高品质，而且可增产15%～30%。

（6）果树专用型天达 2116　苹果、梨、桃、李、杏、葡萄、柿、枣等果树发芽时用 20～40 倍果树专用型天达 2116 涂抹树干1 周，涂抹高度 30～60 厘米；花前 5～7 天和落花后 7～10 天，结合果树防治病虫害用药，各喷洒 1 次 1 000～1 200 倍果树专用型天达 2116；后结合打药，喷洒 1 000～1 200 倍果树专用型天达 2116，每 10～15 天 1 次，连续喷洒 2～3 次。不但能提高果树的各种抗逆性能，抵御冻害、干旱、水涝等灾害，减少病虫害发生，而且能显著增强光合作用，改善果实品质，增产果品15%～25%。

采果后喷洒 1～2 次 1 000 倍果树专用型天达 2116＋100 倍硝酸钾＋200 倍氯化钙＋200 倍硫酸镁混合液，能显著延长叶片功能期，可较大幅度地提高树体的贮备营养水平，增强树体耐寒性能，越冬安全，翌年发芽整齐，抗霜冻，坐果率高，幼果发育快。

荔枝、龙眼、芒果等热带果树，修剪疏枝以后，新梢长至10～15 厘米时，用 1 000 倍果树专用型天达 2116 喷洒 1 次，15～20 天后，新梢接近停长时再喷洒 1 次。后用 200 倍硝酸钾＋300 倍硫酸镁＋400 倍葡萄糖酸钙＋200 倍红糖水混合液每10 天喷洒 1 次，连续喷洒 2～3 次，促进花芽分化，提高花芽质量。开花前 5～7 天用 1 000～1 200 倍果树专用型天达 2116＋400 倍硼砂＋300 倍红糖水混合液喷洒，能防止花期低温危害，提高坐果率。落花后 7～10 天用 1 000 倍果树专用型天达 2116＋

150 倍红糖水＋300 倍硝酸钾混合液喷洒，可减少生理落果，促进幼果膨大。15～20 天后，幼果迅速膨大期再喷洒 1 次，不但能提高植株的抗寒、抗干旱、抗涝、抗病性能，减少病害发生，而且能促进果实发育，提前 3～7 天成熟，提高果实含糖量，改善果实品质，增产10％～30％。

香蕉：幼苗栽植时或幼苗发育期用 600 倍壮苗灵喷洒 1 次，促进根系发达，提高植株抗逆性。开花前 5～7 天用 1 000 倍果树专用型天达 2116＋400 倍硼砂＋300 倍硝酸钾喷洒植株，防止花期低温危害，提高坐果率。后结合防治病虫害用药，每 10～15 天喷洒 1 次 1 000 倍果树专用型天达 2116＋300 倍硝酸钾＋400 倍硫酸镁＋100 倍发酵牛奶混合液，连续喷洒 2～3 次，不但能显著减少病害发生，而且可提前成熟 3～7 天，增产15％～25％。

菠萝：栽苗时用 600 倍壮苗灵＋1 500 倍天达裕丰＋1 500 倍 3％啶虫脒浸泡幼苗 30 分钟，后栽植，能加速缓苗，促进发生新根，预防粉蚧和凋萎病等病害发生；缓苗后再用 600 倍壮苗灵＋4 000 倍 99％噁霉灵喷洒幼苗并浇根，促进根系发达，防止菠萝茎腐病、凋萎病等病害发生。现蕾时用 600 倍果树专用型天达 2116＋1 500 倍天达裕丰＋200 倍硝酸钾＋300 倍硫酸镁＋100 倍发酵牛奶混合液喷洒植株，可促进花蕾发育；之后用 1 000 倍果树专用型天达 2116＋1 500 倍天达裕丰与 3 000～4 000 倍 99％噁霉灵＋1 000 倍果树专用型天达 2116 交替喷洒，每 15 天左右喷洒 1 次，连续喷洒 2～3 次，既可防止低温危害，促进果实快速发育，提前成熟 3～7 天，又能改善果实品质，增加产量15％～30％。

（7）花生豆类专用天达 2116　大豆、花生等豆科，苗期 2～3 片真叶时喷洒 600 倍壮苗灵＋4 000 倍 99％噁霉灵＋2 000 倍钼酸铵＋300 倍硝酸钾；初花期用 600 倍花生豆类专用天达 2116＋2 000 倍钼酸铵＋300 倍硝酸钾＋400 倍硫酸镁＋100 倍发酵牛奶＋600 倍 40％多菌灵喷洒植株，间隔 10～15 天再喷洒 1 次，连续使用 2～3 次，不但能提高花生的抗旱、抗涝、抗病性能，减少根腐病、叶斑病发生，忌避蚜虫，而且可增产花生 20％左右。

（8）粮食专用天达 2116　小麦 3 叶期或返青期喷洒 600 倍壮苗灵，拔节期用 600 倍粮食专用天达 2116＋4 000 倍 99％噁霉灵＋200 倍尿素＋300 倍硫酸镁＋3 000 倍有机硅混合液喷雾，既可增强小麦对不良环境的适应性能，提高小麦叶片的光合效能，防止并减少小麦白粉病、锈病等病害发生，增加产量 10％～15％。

玉米 3～4 叶期喷洒 600 倍壮苗灵，7～10 叶期喷洒 600 倍粮食专用天达 2116＋200 倍尿素＋300 倍硫酸镁＋3 000 倍有机硅混合液，可增产 10％～15％。

水稻育秧期喷洒 600 倍壮苗灵 300 倍尿素＋4 000 倍 99％噁霉灵，能显著提高秧苗抗寒性能，防止或减少病害发生，秧苗健壮；插秧后 5～7 天喷洒 600 倍壮苗灵＋300 倍硝酸钾＋400 倍硫酸镁＋3 000 倍有机硅混合液；拔节期、孕穗期、灌浆期结合防治病虫害用药，喷洒 600 倍壮苗灵＋300 倍硝酸钾＋400 倍硫酸镁＋3 000 倍有机硅混合液；不但能够提高水稻的抗冻、抗旱、抗病等抗逆性能，增加有效分蘖，防止徒长，促进植株健壮，而且可增产 10％～20％。

（9）棉花专用型天达 2116　棉花 2～3 片真叶时，用 600 倍壮苗灵＋4 000 倍 99％噁霉灵＋300 倍硝酸钾喷洒；半月后，结合棉花防治病虫害用药，每 10～15 天喷洒 1 次 600 倍棉花专用型天达 2116＋300 倍硝酸钾＋400 倍硫酸镁＋3 000 倍有机硅混合液，连续使用 3～4 次，能显著提高棉花的抗旱、抗涝、抗病等抗逆性能；防止或减少棉花枯萎病、黄萎病、炭疽病等病害发生，促进植株根深叶茂，株型合理；能改善棉花品质，增产棉花 20％左右。

（10）天达参宝　药用植物人参、西洋参、太子参、沙参、党参、黄芪、白芍、甘草、川贝等根用药材，用 600 倍天达参宝，结合防治病害用药，每 10～15 天喷洒 1 次，连续使用，不但能提高其抗旱、耐涝、抗冻、抗病性能，减少病害发生，而且可增产 10%～30%。

薄荷、芦荟、荆芥、紫苏、麻黄、藿香、益母草等茎叶用中药材，用 800 倍天达叶宝喷洒。五味子、枸杞子、白豆蔻、砂仁、丁香等果用药材，用 600 倍叶菜型天达 2116 喷洒。天麻用 600 倍天达参宝喷洒，连续使用 3～5 次，不但能减少各种病害发生，而且可增产优质药材 10%～30%。

（11）真菌类专用天达 2116　香菇、平菇、花菇、金针菇、茶树菇、木耳、银耳、灵芝等真菌类，在菌丝发育期、子实体发生期、成菇生长期喷洒 600 倍叶菜型天达 2116 或 600 倍壮苗灵，利于培养基养分快速转化利用，促进菌丝体发育，增加子实体数量，改善成菇品质，提高成菇产量 10%～25%。

（12）茶桑专用型天达 2116　茶树、桑树喷洒茶桑专用型天达 2116 不但能促进其生长发育，叶片肥大、油亮，抗逆性强，而且还能显著提高茶桑品质和产量。茶树在进入休眠期以前 30 天左右，用 600 倍茶桑专用型天达 2116＋200 倍尿素＋100 倍硝酸钾＋100 倍硫酸钾混合液喷洒植株，每 10～15 天 1 次，连续喷洒两次，能显著提高秋季营养贮备水平，保障茶树安全越冬，并能大幅度增加春茶产量，提高春茶品质。

春季茶树发芽时和头茬茶叶采毕后，各喷洒 1 次 600 倍茶桑专用型天达 2116，能防止春季低温、晚霜危害，提高春茶、夏茶产量和品质。

3. 注意事项

①不能与碱性药剂波尔多液、石硫合剂、磷酸二氢钾等混用；不能与含硫、机油等矿物油的药剂混用，也不可与其他叶面肥混用。

②不能与除草剂混用。

③因其对农药有增效作用，所以与农药混用时，应适当降低农药的使用浓度，以免药害发生。

④需现配现用，不能存放。

⑤要有合理间隔期限，前两次使用，间隔 5～7 天，以后使用，间隔 10～15 天。

⑥预防霜冻的临界温度为－3～－2℃，低于这个温度效果难以保障；遇到霜冻后，只要果实内种子没有变色，就有可能修复，效果十分明显。

⑦天达 2116 是植物细胞膜稳态剂、植物营养保健剂，它不能取代农药。如果有病虫害发生时，必须结合防治病虫害用药配合使用。要想取得理想效果，需从辣（甜）椒苗期开始使用，以后结合喷药每 10～15 天喷洒 1 次，最少使用 3～5 次，喷洒次数越多，效果越好。

⑧辣（甜）椒的不同生育期，应选用适宜型的天达 2116 产品进行喷洒，或涂茎或浇根，苗期需用壮苗灵喷洒或浇根，结果期要用瓜茄果专用型。

附录 2　天达有机硅——高效农药增效渗透展着剂

聚乙氧基改性三硅氧烷，简称有机硅，它能有效降低水的表面张力，具有超强的展着性，接触植物体和靶标后，有优秀的渗透性、内吸性和传导性。天达生物制药股份有限公司引进开发生产的天达有机硅为 100％聚乙氧基改性三硅氧烷，是一种纯有机助剂，无毒副作用，对辣（甜）椒安全，与各种农药混用配制成水溶液后，由于它独特的展着、渗透、内吸和传导性能，从而极其显著地增强了药液对植物叶片、茎蔓、枝干即各种靶标生物的浸润、展着、渗透性能，可帮助药剂在喷洒后短短的 1 小时之内，快速穿透植物体表面蜡层、角质层进入体内，穿透昆虫皮层、菌体外膜进入靶标体内，杀灭昆虫和病菌，从而大大提高各种药剂的防治效果。

普通药液喷洒后，由于水液表面张力大，展着性、浸润性差，喷洒到靶标上后，50％～70％的药液会快速凝聚成水珠状态，滚落到地面上，农药有效利用率仅 50％左右，而且药剂不能快速被植物体和靶标吸收，喷洒后 6～9 小时遇雨，需重喷。

掺混有机硅后的药液，表面张力仅为普通药液的 1/3 左右，展着性能强，药剂扩展面积是普通药液的 15～30 倍，可节约药液 30％～50％，降低农药用量 30％以上；药剂喷洒后能快速浸润、渗透靶标，喷洒后 1～2 小时，80％的药液可被靶标吸收，喷后 1 小时后遇雨不需重喷。且喷后耐雨水冲刷性能强，药效高而持久。

使用方法：可广泛用于杀虫剂、杀菌剂、除草剂、叶面肥、激素和生物制剂的药液配方中，一般每 15 千克药液中掺加天达有机硅 5 克（3 000 倍）左右。使用时先把有关农药用少量水溶解，分 2~3 次加入 80％的水量（注意：每增加 1 次水，搅拌 1 次），加入有机硅，搅拌，再加足 100％水量，搅拌均匀即可。

试验结果表明，使用有机硅 0.025％～0.1％时，药效可提高 50％～200％，农药用量可减少 30％左右。可选用小孔喷、小雾量喷洒，并适当加快喷洒速度。具体使用参考倍数如下：杀虫剂 0.025％～0.1％（1 000～4 000 倍）；杀菌剂 0.015％～0.05％（2 000～7 000 倍）；除草剂 0.025％～0.15％（700～4 000倍）；植物生长调节剂 0.025％～0.05％（2 000～4 000倍）；肥料与微量元素 0.015％～0.1％（1 000～7 000 倍）。

注意事项：天达有机硅的 pH 适应范围在 6～8，如果 pH 在 8～9 或 5～6 时需现配现用，药液需在 24 小时内用完。

本品对人畜禽无害，但是由于渗透性能强，使用时需做好防护工作，穿好长袖工作服，戴手套、口罩和防护镜。

附录 3　农药的科学使用与配制

　　使用化学农药，防治病虫草害，促进辣（甜）椒生长发育，是农业生产必不可少的重要技术措施，如果没有化学农药，蔬菜、果树、粮食、棉花、油料、茶桑、药材、花卉、林木等各项生产的高产、稳产、高效实际上是不可能的。因此，学会科学准确地使用农药，是每个农民必须具备的基本功。

1. 注意事项

　　（1）准确选择用药　选择药品，首先要针对辣（甜）椒发生的病虫害种类，选用对其防治效果优良的农药品种，同时还要注意所选农药对辣（甜）椒安全无药害，或基本无药害；对人畜毒性小或基本无毒；对生态环境无污染或基本无污染的农药品种。例如防治蚜虫、白粉虱、美洲斑潜蝇等害虫，可选用 2% 天达阿维菌素、3% 天达啶虫脒、2.5% 高效氯氟氰菊酯、48% 毒死蜱、蚜虱速克、虫螨克、吡虫啉等药剂防治；或用敌敌畏熏蒸、用蚜虫净发烟弹熏烟防治。

　　防治螨类、飞虱、木虱、介壳虫等害虫可选用 2% 天达阿维菌素、3% 天达啶虫脒、蚜虱速克、尼索朗、阿维柴油乳剂、石硫合剂等药剂防治。

　　防治鳞翅目害虫，应选用 25% 灭幼脲、20% 虫酰肼、2.5% 高效氯氟氰菊酯、2% 天达阿维菌素、48% 毒死蜱等药剂防治。

　　防治疫病、霜霉病等病害，可选用天达裕丰、克露、普力克、阿米西达、噁霉灵、杀毒矾、百菌清、大生、乙膦铝、瑞毒霉、克霜氰等药剂防治，或用克露发烟弹、百菌清发烟弹熏烟防治。

　　防治灰霉病、菌核病等，可选用噁霉灵、速克灵、扑海因、阿米西达、爱苗乳油、万霉灵等药剂防治，或用利得发烟弹熏烟防治。

发生白粉病、锈病、叶霉等病害可用天达裕丰、粉锈宁、石硫合剂、福星、世高、阿米西达、爱苗乳油、粉必清等药剂防治，或用白粉清发烟弹熏烟防治。

防治枯萎病、根腐病、黄萎病、猝倒病、立枯病等土传真菌性病害以及炭疽、褐斑、灰斑等病害，应选用噁霉灵、甲基托布津、咪鲜胺、敌克松、多菌灵等药剂防治。

防治细菌性角斑病、穿孔、缘枯、叶枯、青枯、溃疡、髓部坏死病等细菌性病害，可用百痢停、春雷霉素、诺氟沙星、环丙沙星、氧氟沙星、多宁、多抗霉素、消菌灵、DT 杀菌剂、克杀得、络氨铜等药剂防治。

防治病毒性病害，应选用天达裕丰、病毒一喷绝、消菌灵、病毒 A、菌毒清、植病灵等药剂防治。

（2）用药要适时、及时　要在病虫害预防期与初发生达标期使用，真正做到防重于治，以免病虫有可乘之机，造成危害。

（3）喷药要细致、周密　不漏喷、不重复喷，以免防治不彻底，引起病虫害再度发展或造成药害。

（4）交替使用农药　切勿一种或几种农药混配连续使用，以免使病虫害产生抗药性，降低防治效果。

（5）阴雨天气要用烟雾剂熏烟或粉尘剂喷粉防治　不可使用水剂喷洒，以防湿度增大，为病害发生提供有利条件。

（6）使用浓度要合理　既要保障辣（甜）椒的安全，不发生药害，又能有效地消灭病虫草害，严禁不经试验，随意提高使用浓度，既增加防治成本，又引起药害现象发生，造成重大经济损失。

（7）喷药时应配合天达 2116 共同使用　以利提高农药活性，增强药效，减少农药使用量，提高防治效果。

（8）配制农药需掺加有机硅　降低药剂表面张力，增强药剂展着性、渗透性、内吸性和传导性。提高药剂的耐雨水冲刷性能，降低农药用量，增强药剂效果。

（9）配制农药需用洁净中性水 不可用碱性水配制药剂，不可用刚刚取出的井水配制农药，如用井水需要事先晒水，提高水温，增加其含氧量方可用于配制药剂。操作时需先用少量水把药剂配制成母液，再兑水充分搅拌均匀方能喷洒。

2. 稀释方法 稀释农药时，经常使用 3 种方式来表示农药用量。

（1）百分比浓度表示法 是指农药的百分比含量。例如 40％超微多菌灵，是指药剂中含有 40％的原药。再如配制 0.1％ 速克灵＋2，4-D 药液蘸番茄花，以提高坐果率，是指药液中含有 0.1％的速克灵原药。用 50％的速克灵配 0.5 千克药液，需用量计算公式如下：

使用浓度×用水量＝原药克数×原药百分比含量

计算如下：

原药克数＝0.1％×0.5÷50％＝1（克）

称取 1 克 50％速克灵，加入 499 克水中，搅拌均匀，即为 0.1％速克灵药液。

（2）倍数浓度表示法 这是喷洒农药时经常采用的一种表示方法。所谓××倍，是指水的用量为药品用量的××倍。配制时，可用下列公式计算：

使用倍数×药品量＝稀释后的药液量

例如配制 25 千克 3 000 倍天达噁霉灵药液，需用天达噁霉灵药粉约 8.3 克。

3000×药品量＝25 千克

药品量＝25×1000÷3000＝0.0083333（千克）

0.0083333×1000＝8.3333（克）

（3）百万分之一含量表示法（现以毫克/千克表示） 1 毫克/千克是指药液中农药的含量为 1 毫克/千克（10^{-6}）原药。30 毫克/千克的赤霉素药液，其药液中原药含量为 30 毫克/千克。

例如配制 50 毫克/千克的赤霉素药液 500 毫升，配制时可用以下公式计算：

$$使用浓度×用药量＝原药浓度×所需原药数量$$

配制时，需先用酒精把赤霉素原粉溶解后，再兑水配制，1克 85% 赤霉素原粉，用 100 毫升酒精溶解，其药液浓度为 8 500 毫克/千克。计算如下：

$$85\%÷100÷10^{-6}＝8500（毫克/千克）$$

配制 50 毫克/千克赤霉素药液 500 毫升，需用原液数量计算如下：

$$50×500＝8500×所需原液数量$$

所需原液数量＝50×500÷8500＝25000÷8500＝2.94（毫升）

计算得知 500 毫升水中，需加入 2.94 毫升赤霉素酒精原液，即为 50 毫克/千克的赤霉素药液。

2，4-D、萘乙酸等药液的配制，可参考以上方法进行。

主要参考文献

凌志杰.1995.节能日光温室蔬菜栽培指南〔M〕.北京：中国农业出版社.

吕佩珂.1992.中国蔬菜病虫害原色图谱〔M〕.北京：农业出版社.

农业部全国农业技术推广总站.1993.日光温室高效节能蔬菜栽培〔M〕.北京：农村读物出版社.

齐品贤.1995.温室大棚蔬菜病虫害诊断与防治技术〔M〕.北京：中国农业出版社.

山东农学院.1982.蔬菜栽培学各论〔M〕.北京：农业出版社.

山东农业大学.1983.蔬菜栽培学（保护地栽培）〔M〕.北京：农业出版社.

中国大百科全书总编辑委员会.1992.中国大百科全书（农业）〔M〕.北京：中国大百科全书出版社.

中国农业科学院蔬菜花卉研究所.1993.中国蔬菜栽培学〔M〕.北京：农业出版社.